博士后文库

中国博士后科学基金资助出版

杨树组蛋白去乙酰化酶

马旭俊　著

科学出版社

北　京

内 容 简 介

本书是一本关于杨树组蛋白去乙酰化酶的学术专著。组蛋白乙酰化和去乙酰化是表观遗传调控的一种重要方式。组蛋白乙酰化酶（HDAC）催化组蛋白去乙酰化，参与组蛋白乙酰化状态的调节，进而影响染色质的结构和基因的转录，在植物生长、发育和胁迫应答反应等多种生命活动中发挥十分重要的调控作用。本书由五部分内容组成，包括表观遗传修饰、组蛋白乙酰基转移酶、动物组蛋白去乙酰化酶、植物组蛋白去乙酰化酶和毛果杨组蛋白去乙酰化酶。本书全面地介绍了组蛋白去乙酰化酶，通过阅读本书，既能了解木本植物组蛋白去乙酰化酶的最新研究成果，又可以对植物组蛋白去乙酰化酶有一个全面的认识。

本书可作为生物科学、农学及林学等专业高年级本科生、研究生、教师及科研人员的参考书籍。

图书在版编目（CIP）数据

杨树组蛋白去乙酰化酶/马旭俊著. —北京：科学出版社，2017.5
（博士后文库）
ISBN 978-7-03-052570-3

Ⅰ. ①杨… Ⅱ.①马… Ⅲ. ①杨树–组蛋白–乙酰化–酶–研究 Ⅳ.①S792.11

中国版本图书馆 CIP 数据核字(2017)第 086170 号

责任编辑：张会格 韩学哲 / 责任校对：郑金红
责任印制：张 伟 / 封面设计：刘新新

科 学 出 版 社 出版
北京东黄城根北街 16 号
邮政编码：100717
http://www.sciencep.com

北京东华虎彩印刷有限公司 印刷
科学出版社发行 各地新华书店经销
*
2017 年 5 月第 一 版 开本：B5 (720×1000)
2017 年 5 月第一次印刷 印张：7 1/2
字数：146 000
定价：68.00 元
(如有印装质量问题，我社负责调换)

《博士后文库》序言

1985 年，在李政道先生的倡议和邓小平同志的亲自关怀下，我国建立了博士后制度，同时设立了博士后科学基金。30 多年来，在党和国家的高度重视下，在社会各方面的关心和支持下，博士后制度为我国培养了一大批青年高层次创新人才。在这一过程中，博士后科学基金发挥了不可替代的独特作用。

博士后科学基金是中国特色博士后制度的重要组成部分，专门用于资助博士后研究人员开展创新探索。博士后科学基金的资助，对正处于独立科研生涯起步阶段的博士后研究人员来说，适逢其时，有利于培养他们独立的科研人格、在选题方面的竞争意识以及负责的精神，是他们独立从事科研工作的"第一桶金"。尽管博士后科学基金资助金额不大，但对博士后青年创新人才的培养和激励作用不可估量。四两拨千斤，博士后科学基金有效地推动了博士后研究人员迅速成长为高水平的研究人才，"小基金发挥了大作用"。

在博士后科学基金的资助下，博士后研究人员的优秀学术成果不断涌现。2013年，为提高博士后科学基金的资助效益，中国博士后科学基金会联合科学出版社开展了博士后优秀学术专著出版资助工作，通过专家评审遴选出优秀的博士后学术著作，收入《博士后文库》，由博士后科学基金资助、科学出版社出版。我们希望，借此打造专属于博士后学术创新的旗舰图书品牌，激励博士后研究人员潜心科研，扎实治学，提升博士后优秀学术成果的社会影响力。

2015 年，国务院办公厅印发了《关于改革完善博士后制度的意见》（国办发〔2015〕87 号），将"实施自然科学、人文社会科学优秀博士后论著出版支持计划"作为"十三五"期间博士后工作的重要内容和提升博士后研究人员培养质量的重要手段，这更加凸显了出版资助工作的意义。我相信，我们提供的这个出版资助平台将对博士后研究人员激发创新智慧、凝聚创新力量发挥独特的作用，促使博士后研究人员的创新成果更好地服务于创新驱动发展战略和创新型国家的建设。

祝愿广大博士后研究人员在博士后科学基金的资助下早日成长为栋梁之才，为实现中华民族伟大复兴的中国梦做出更大的贡献。

中国博士后科学基金会理事长

前　言

组蛋白去乙酰化酶（HDAC）是一个基因超家族，在真核生物如真菌、动物和植物中广泛分布。组蛋白去乙酰化酶催化组蛋白去乙酰化，与组蛋白乙酰基转移酶共同作用来调控组蛋白乙酰化状态，进而影响染色质的结构及基因转录，在多种生命活动中发挥重要的调控功能。早在 1988 年，人们就在植物豌豆中检测到了组蛋白去乙酰化酶的活性。随着表观遗传学研究的快速发展，近年来植物组蛋白去乙酰化酶逐渐受到重视，其研究日益广泛和深入。目前，组蛋白去乙酰化酶基因从多种植物中得到分离、解析和功能鉴定。组蛋白去乙酰化酶在植物生长、发育、胁迫应答反应和基因沉默等方面具有十分重要的调控作用。然而，目前还没有系统介绍植物组蛋白去乙酰化酶的书籍。为了增加对组蛋白去乙酰化酶的了解，促进组蛋白乙酰化的研究，作者将多年的研究成果整理成《杨树组蛋白去乙酰化酶》专著。

本书由 5 章内容组成。第 1 章表观遗传修饰，简单介绍了甲基化和乙酰化这两种主要的表观遗传修饰。第 2 章组蛋白乙酰基转移酶，介绍了植物组蛋白乙酰基转移酶的亚细胞定位、分类、底物特异性和生物学功能。组蛋白乙酰基转移酶催化组蛋白乙酰化，组蛋白去乙酰化酶催化组蛋白去乙酰化，二者共同作用调节组蛋白乙酰化状态。第 3 章动物组蛋白去乙酰化酶，介绍了动物组蛋白去乙酰化酶的研究进展。与植物组蛋白去乙酰化酶相比，动物组蛋白去乙酰化酶在结构、作用机制和功能等方面研究得更为广泛和深入，了解动物组蛋白去乙酰化酶，可以促进对植物组蛋白去乙酰化酶的认识。第 4 章植物组蛋白去乙酰化酶，介绍了国内外植物组蛋白去乙酰化酶的研究概况。第 5 章毛果杨组蛋白去乙酰化酶，着重介绍了毛果杨组蛋白去乙酰化酶及其功能。通过阅读本书，既能了解木本植物组蛋白去乙酰化酶的最新研究成果，又可以对植物组蛋白去乙酰化酶有一个全面的认识。本书可作为生物科学、农学及林学等专业高年级本科生、研究生、教师及科研人员的参考书籍。

本书相关研究得到国家自然科学基金青年科学基金项目（31200497）、国家863 计划课题（2013AA102701）和中国博士后科学基金面上项目（2013M540264）等的资助，特此致谢。本书是一部学术专著，在相关研究过程中得到了杨传平教授、姜廷波教授、李开隆教授、夏德安副教授、李淑娟副教授、张彦妮副教授的热心支持和帮助，董亚茹、吕世博、张超、刘春娟、刘超等进行了相关试验研究，在此表示深深的感谢。

由于作者水平有限，书中难免存在一些不足之处，恳请同行和读者批评指正。

马旭俊

2016 年 9 月 9 日

目　　录

第1章 表观遗传修饰

表观遗传学（epigenetics）是一门研究基因型在不发生改变的情况下基因表达产生可遗传改变的学科，其概念首见于 1939 年的《现代遗传学导论》。Waddington 指出表观遗传与遗传是相对的，主要研究基因型和表型的关系（薛京伦，2006）。1987 年，Holiday 对此进行了更深入的阐述，他指出可在两个层面上对高等生物的基因属性进行研究：第一个层面是基因的世代间传递规律，这是遗传学；第二个层面是生物从受精卵到成体的发育过程中基因活性变化的模式，这是表观遗传学。1996 年，Riggs 等给出了更确切的定义，即表观遗传是没有 DNA 序列变化的，是经减数分裂和/或有丝分裂后产生的可遗传的基因表达改变（Allis et al.，2007）。1999 年，Wolffe 和 Matzke 将表观遗传学定义为"在 DNA 序列上没有变化，但在基因表达上发生了可遗传的变化"，将表观遗传学确立在 DNA 甲基化和染色质层次上。目前，对表观遗传学的定义为：可以揭示发育的遗传程序的所有机制（Holliday，2006）。其研究方向主要包括以下几个方面：组蛋白修饰、DNA 甲基化、X 染色体失活、基因沉默、染色质重塑、基因组印记、RNA 剪接与编辑、RNAi、蛋白质剪接与翻译后修饰等。其中 DNA 甲基化和组蛋白修饰在表观遗传学研究中占有主导地位。

1.1 DNA 甲基化

甲基化是基因组 DNA 的一种主要表观遗传修饰，负责调节和维持基因表达程序（Milutinovic et al.，2003）。甲基化也是真核生物中一种常见的碱基共价修饰过程，即在 DNA 甲基转移酶（DNA methyltransferase，DNMT）的作用下，将 S-腺苷甲硫氨酸（SAM）上的甲基基团转移到 DNA 分子的胞嘧啶碱基上。DNA 甲基化是在不改变碱基序列的情况下，通过碱基甲基化来影响基因的表达。

1.1.1 DNA 甲基化特征

大部分 DNA 甲基化发生在胞嘧啶环的第五位碳原子（5-^{m}C）上，也有少量的甲基化发生在 N6-甲基腺嘌呤（N6-^{m}A）和 7-甲基鸟嘌呤（7-^{m}G）上。在植物中，5-^{m}C 约占总甲基化的 30%。一般来说，DNA 的甲基化程度越高，转录和翻译为功能蛋白的可能性越小（Gibbs，2003）。植物基因组在 CpG、CpHpG

和 CpHpH（H 代表 A、C 或 T）位点均表现广泛的胞嘧啶甲基化。其中，CpG 位点甲基化在表观遗传中占有重要地位。全基因组 DNA 甲基化分析显示，拟南芥存在 24% 的 CpG 甲基化，6.7% 的 CpHpG 甲基化和 1.7% 的 CpHpH 甲基化（Law and Jacobsen，2010）。植物和动物的胞嘧啶甲基化有明显的区别，植物中 30% 以上的胞嘧啶会发生甲基化，而动物中大约只有 5%，并且主要发生在对称的 CpG 位点。

1.1.2 DNA 甲基转移酶的分类

DNA 甲基化主要通过 DNA 甲基转移酶家族来催化，拟南芥基因组包含至少 10 个编码 DNA 甲基转移酶的基因，根据它们的功能及与哺乳动物 DNA 甲基转移酶序列的同源性比较，可以分为 3 个主要家族，即 MET1、DRM 和 CMT。MET1（methyltransferase 1）是从拟南芥转化品系中分离出来的第一个甲基转移酶，在甲基化酶中占据统治地位，负责 CpG 甲基化的维持，其编码的蛋白质与哺乳动物甲基化酶 Dnmt1 有类似的结构。DRM（domains rearranged methylase）是一类结构域重排甲基转移酶，由 DRM1、DRM2 和 Zmet3 组成。DRM 与哺乳动物 Dnmt3 的结构类似，其作用是使 CpG、CpNpG 和 CpNpN（N 代表 A、T、C 或 G）序列重新甲基化；其中，DRM2 被认为是主要的参与者。DRM 参与 FWA 和 SUPERMAN 位点沉默的建立，但不参与其维持（Finnegan et al.，1996）。CMT（chromomethylase）是植物特有的染色质甲基化酶，含有一个 Chromo 结构域（Matassi et al.，1992），负责维持 CpNpG 三核苷酸中胞嘧啶的甲基化（Wada et al.，2003）。CMT 家族主要有 3 个成员：CMT1、CMT2 和 CMT3。最近的研究表明，MET1 和 CMT3 可能也催化重新甲基化，而 DRM1 和 DRM2 对于对称甲基化的维持非常重要（Wada，2005；Tariq and Paszkowski，2004）。

1.1.3 DNA 甲基化的作用

DNA 胞嘧啶甲基化，包括不对称（mCpHpH）甲基化和对称（mCpG 和 mCpHpG）甲基化，与基因启动子区染色质抑制和基因转录抑制有关。DNA 甲基化在染色质抑制、基因组防御、基因表达调控、细胞分化及系统发育、基因组印记及植物生长发育控制中起着重要作用（Henderson and Jacobsen，2007；Henikoff and Comai，1998）。基因甲基化模式的改变可以影响植物的育性、花期、叶片及花的形态等。甲基化不足或者太高，都会导致植物生长发育的不正常和形态异常（Lister et al.，2008；Zhu，2008）。有研究表明，植物在抵抗逆境的过程中可能会伴有 DNA 甲基化水平的变化。此外，非生物胁迫可以改变由 DNA 甲基化调节的胁迫响应基因的表达。

1.2　组蛋白乙酰化

在真核细胞中，染色体的基本组成单位是核小体。核小体主要是由核心组蛋白八聚体（核心组蛋白 H2A、H2B、H3、H4 各 2 分子）与其上缠绕 7/4 圈的 146bp 的 DNA 组成。核心组蛋白 N 端可发生多种翻译后修饰，如甲基化、乙酰化、磷酸化、泛素化、糖基化等。乙酰化是目前研究得较早和较清楚的一种组蛋白修饰。组蛋白乙酰化是一个动态的和可逆的过程，由组蛋白乙酰基转移酶（histone acetyltransferase，HAT）和组蛋白去乙酰化酶（histone deacetylase，HDAC）共同调节。HAT 能够将乙酰辅酶 A 的乙酰基（CH_3COO^-）转移到核心组蛋白（主要是 H3、H4）N 端特定的赖氨酸残基的 ε-氨基基团（NH_3^+）上。组蛋白乙酰化能够中和赖氨酸残基上的正电荷，减弱组蛋白与 DNA 的结合作用，使染色质结构松散，有利于转录因子或转录调节蛋白与 DNA 的结合，从而促进基因的转录。而 HDAC 则去除组蛋白赖氨酸残基上的乙酰基团，使染色质结构紧缩，一般被认为与基因转录的抑制或基因沉默有关。组蛋白乙酰化状态能够影响染色质的结构、基因的转录，进而调节多种生命活动，如植物的生长、发育和胁迫应答反应等。

1.3　DNA 甲基化和组蛋白乙酰化共同作用调节基因的表达

DNA 甲基化和组蛋白修饰相互关联、相互作用，共同调节基因的表达，在多种生命活动中发挥着重要的调节作用（黄菲和李雪梅，2013；Urano et al.，2010）。甲基-CpG 结合蛋白 MeCP1（methyl-CpG-binding protein）和 MeCP2 能够与发生甲基化的 DNA 特异性结合并抑制基因的转录。MeCP2 与转录抑制因子 mSin3A 及组蛋白去乙酰化酶（HDAC）相互作用形成一个复合物来介导基因的转录抑制（Jones et al.，1998；Nan et al.，1998）。MeCP2 将 DNA 甲基化与组蛋白去乙酰化联系到一起。最近，人们发现 DNA 甲基化与组蛋白乙酰化协同作用产生效应。例如，Bakin 和 Curran（1999）发现在原癌基因 FOS 诱导的转化细胞中，DNA 5-甲基化胞嘧啶转移酶（Dnmt1）的含量是正常成纤维细胞的 3 倍，5-甲基胞嘧啶的含量比正常成纤维细胞多 20%。抑制 Dnmt1 的表达可导致 FOS 诱导的转化细胞发生逆转；同样，抑制 HDAC 的活性也能使转化细胞发生逆转（Bakin and Curran，1999）。植物中的研究也表明 DNA 甲基化与组蛋白乙酰化之间存在关联性。最近，Qian 等（2012）发现拟南芥组蛋白乙酰基转移酶 IDM1 可以与甲基化的 DNA 结合，催化该区域的组蛋白发生乙酰化，进而有利于 5-^{m}C-糖基酶发挥功能，催化 DNA 去甲基化。可见，DNA 甲基化与组蛋白乙酰化协调作用从而调控基因的转录。

参 考 文 献

黄菲, 李雪梅. 2013. DNA 甲基化在植物抗逆反应中的研究进展及其育种应用. 中国农业科技导报, 15: 83-91

薛京伦. 2006. 表观遗传学原理、技术与实践. 上海: 上海科学技术出版社

Allis C D, Jenuwein T, Reinberg D, et al. 2007. 表观遗传学. 朱冰, 孙方霖译. 北京: 科学出版社: 15-22

Bakin A V, Curran T. 1999. Role of DNA 5-methylcytosine transferase in cell transformation by fos. Science, 283: 387-390

Finnegan E J, Peacock W J, Dennis E S. 1996. Reduced DNA methylation in *Arabidopsis thaliana* results in abnormal plant development. Proc Natl Acad Sci USA, 93: 8449-8454

Gibbs W W. 2003. The unseen genome: beyond DNA. Sci Am, 289: 106-113

Henderson I R, Jacobsen S E. 2007. Epigenetic inheritance in plants. Nature, 447: 418-424

Henikoff S, Comai L. 1998. A DNA methyltransferase homolog with a chromodomain exists in multiple polymorphic forms in *Arabidopsis*. Genetics, 149: 307-318

Holliday R. 1987. DNA methylation and epigenetic defects in carcinogenesis. Mutat Res, 181: 215-217

Holliday R. 2006. Epigenetics: a historical overview. Eigenetics, 1: 76-80

Jones P L, Veenstra G J, Wade P A, et al. 1998. Methylated DNA and MeCP2 recruit histone deacetylase to repress transcription. Nat Genet, 19: 187-191

Law J A, Jacobsen S E. 2010. Establishing, maintaining and modifying DNA methylation patterns in plants and animals. Nat Rev Genet, 11: 204-220

Lister R, O'Malley R C, Tonti-Filippini J, et al. 2008. Highly integrated single-base resolution maps of the epigenome in *Arabidopsis*. Cell, 133: 523-536

Matassi G, Melis R, Kuo K C, et al. 1992. Large-scale methylation patterns in the nuclear genomes of plants. Gene, 122: 239-245

Milutinovic S, Zhuang Q, Niveleau A, et al. 2003. Epigenomic stress response knockdown of DNA methyltransferase 1 triggers an intra-S-phase arrest of DNA replication and induction of stress response genes. J Biol Chem, 278: 14985-14995

Nan X, Ng H H, Johnson C A, et al. 1998. Transcriptional repression by the methyl-CpG-binding protein MeCP2 involves a histone deacetylase complex. Nature, 393: 386-389

Qian W, Miki D, Zhang H, et al. 2012. A histone acetyltransferase regulates active DNA demethylation in *Arabidopsis*. Science, 336: 1445-1448

Tariq M, Paszkowski J. 2004. DNA and histone methylation in plants. TRENDS in Genetics, 20: 244-251

Urano K, Kurihara Y, Seki M, et al. 2010. 'Omics' analyses of regulatory networks in plant abiotic stress responses. Curr Opin Plant Biol, 13: 132-138

Wada Y. 2005. Physiological functions of plant DNA methyltransferases. Plant Biotechnol, 22: 71-80

Wada Y, Ohya H, Yamaguchi Y, et al. 2003. Preferential *de novo* methylation of cytosine residues in non-CpG sequences by a domains rearranged DNA methyltransferase from tobacco plants. J Biol Chem, 278: 42386-42393

Wolffe A P, Matzke M A. 1999. Epigenetics: regulation through repression. Science, 286: 481-486

Zhu J K. 2008. Epigenome sequencing comes of age. Cell, 133(3): 395-397

第 2 章　组蛋白乙酰基转移酶

组蛋白乙酰化是一种十分重要的表观遗传修饰。组蛋白乙酰化由组蛋白乙酰基转移酶（HAT）催化完成。组蛋白乙酰基转移酶参与的基因表达调控是一个复杂的过程，既涉及与组蛋白去乙酰化酶的共同作用，也涉及与 DNA 甲基化的相互作用。对拟南芥等植物的研究表明，HAT 参与植物的生长、发育和胁迫应答反应；而 HAT 在这些生命过程中的具体功能及其作用机制仍有待深入研究。

目前，大部分组蛋白乙酰基转移酶的研究主要是以拟南芥、玉米、水稻、大麦等草本植物或农作物作为研究对象，而其他物种（如木本植物）组蛋白乙酰基转移酶的研究鲜有报道。因此，组蛋白乙酰基转移酶仍有待广泛和深入的研究。表观遗传修饰（包括组蛋白乙酰化）具有快速、可逆和可遗传的特点，是植物适应生物和非生物胁迫的一种有效方式。鉴定编码 HAT 的基因在胁迫应答反应中的功能，研究 HAT 参与胁迫应答反应的表观遗传调控机制，对于培育植物抗逆新品种具有重要的意义。

2.1　细胞内分布

早在 1964 年，Allfrey 等就发现组蛋白乙酰化状态与基因活性具有一定的相关性，但是对于组蛋白乙酰基转移酶和组蛋白去乙酰化酶没有更进一步的发现。1995 年，Brownell 等以四膜虫的核提取物为研究对象，检测到具有催化活性的细胞核乙酰基转移酶（HATA）的亚单位（P55），从而首次证明细胞核中乙酰基转移酶的存在。目前，研究发现组蛋白乙酰基转移酶在植物、动物和真菌中广泛存在，在细胞核和细胞质中均有分布。

根据在细胞内的分布及功能的不同，真核生物组蛋白乙酰基转移酶可分为两大类，即 A 型 HAT 和 B 型 HAT。目前，植物 B 型 HAT 研究得较少，A 型 HAT 研究得相对较多。A 型 HAT 仅存在于细胞核内，能够与染色质上的组蛋白结合，催化组蛋白发生乙酰化，也可使非组蛋白乙酰化，与基因转录有密切关系。B 型 HAT 存在于细胞质中，主要作用是使细胞质中组蛋白发生乙酰化，有利于其转运到细胞核中，参与染色质的复制，而与基因的转录无关。Lusser 等（1999）在玉米中发现了一个与酵母 *Hat1* 同源的 B 型组蛋白乙酰基转移酶（HAT-B）。HAT-B 催化新合成的、游离的组蛋白 H4 上第 5 位和第 12 位赖氨酸发生乙酰化，这种乙酰化有利于新合成的组蛋白 H4 转位到细胞核中,参与核小体的组装（Lusser et al.,

1999）。有些植物 HAT 不仅分布在细胞质中，在细胞核中也有分布。例如，玉米 HAT-B 主要分布在细胞质中，也有少部分 HAT-B 存在于细胞核中（Lusser et al., 1999）。原生质体瞬间表达分析显示，水稻 3 个组蛋白乙酰基转移酶 OsHAC701、OsHAG702 和 OsHAG704 在细胞核和细胞质均有分布（Liu et al., 2012）。

2.2 分　　类

组蛋白乙酰基转移酶是一个基因超家族，目前已被鉴定的组蛋白乙酰基转移酶有 20 多种。根据结构上的特点，植物组蛋白乙酰基转移酶可分为 4 个家族，包括 GNAT（Gcn5-related *N*-acetyltransferase）、MYST、p300/CBP 和 TAFII250（TATA-binding protein-associated factor）家族（Boycheva et al., 2014; Mai et al., 2009; Kikuchi and Nakayama, 2008）。目前，在拟南芥、水稻和大麦等植物中均发现多个 HAT 家族成员。Loidl（1994）在玉米中发现了 2 个 A 型的组蛋白乙酰基转移酶，即 HATA1 和 HATA2。在拟南芥中，存在 12 个 HAT 蛋白，其中 GNAT 家族有 3 个成员，分别为 HAG1/GCN5、HAG2 和 HAG3; MYST 家族有 2 个成员，分别为 HAG4 和 HAG5; p300/CBP 家族有 5 个成员，分别为 HAC1、HAC2、HAC4、HAC5 和 HAC12; TAFII250 家族有 2 个成员，分别为 HAF1 和 HAF2（Pandey et al., 2002）。Papaefthimiou 等（2010）从大麦中克隆了 3 个 HAT 同源基因，分别编码 2 个 GNAT 家族成员（HvELP3 和 HvGCN5）和一个 MYST 家族成员（HvMYST）。目前，在水稻中发现了 8 个 HAT 蛋白，包括 3 个 GNAT 家族成员（OsHAG702、OsHAG703 和 OsHAG704），1 个 MYST 家族成员（OsHAM701），3 个 CBP 家族成员（OsHAC701、OsHAC703 和 OsHAC704）和 1 个 TAFII250 家族成员（OsHAF701）（Liu et al., 2012）。这些来自不同家族的 HAT 蛋白都具有发挥乙酰基转移酶活性的 HAT 结构域。

2.2.1　GNAT 家族

GNAT 家族是迄今为止人们了解得比较全面的一类组蛋白乙酰基转移酶。真核生物 GNAT 家族可分为 4 个亚家族：GCN5、ELP3、HAT1 和 HPA2，其中 HPA2 主要在真菌中存在。通过对 140 个 GNAT 家族成员的序列分析，发现真核生物 GNAT 家族成员在结构上具有显著的特点，即在 N 端存在一个长度超过 100 个氨基酸的保守序列（HAT 结构域）（Neuwald and Landsman, 1997），C 端存在一个 Bromodomain 结构域（Boycheva et al., 2014）。HAT 结构域由 4 个基序（C、D、A、B）组成，A 基序是高度保守的区域，能够与乙酰基辅酶 A 结合（Sterner and Berger, 2000）。在动物中，Bromodomain 结构域能够与组蛋白末端乙酰化的赖氨酸残基相结合，这种结合对于染色质结构的改变和基因表达的调控具有重要作用

（Marmorstein and Berger，2001）。植物 GNAT 家族蛋白在结构上也具有这些特点。Pandey 等（2002）研究发现拟南芥存在 3 种 GNAT 家族蛋白，即 HAG1、HAG3 和 HAG2，分别与 GCN5、ELP3 和 HAT1 高度同源。拟南芥 HAG1/GCN5 具有 Bromodomain 结构域，在体外能够使组蛋白 H3 乙酰化，gcn5 基因发生突变会导致组蛋白 H3 乙酰化水平的降低（Kornet and Scheres，2009）。大麦中发现 2 个 GNAT 家族成员，即 HvELP3 和 HvGCN5。二者均具有该家族某些保守的结构域，如 HvELP3 存在 GNAT 结构域，而 HvGCN5 蛋白存在 GNAT 和 Bromodomain 结构域（Papaefthimiou et al.，2010）。

2.2.2　MYST 家族

MYST 家族蛋白在真核生物（包括人类、果蝇和酵母）中广泛存在，在植物中也存在此类蛋白。MYST 家族成员众多，结构多样，主要包括人的 MOZ（monocytic leukemia zinc finger protein），酵母的 Ybf2/Sas3 和 Sas2（something about silencing），以及哺乳动物的 Tip60（Tat-interactive protein，60kDa）蛋白。虽然 MYST 家族蛋白在结构上呈现多样性，但这组蛋白均具有高度同源的、长度约为 370 个氨基酸的 MYST 结构域，它们的一致性为 36%～77%，相似性为 54%～84%（Yang，2004）。MYST 结构域与 GNAT 家族 HAT 结构域中的 A 基序高度同源。几乎所有的 MYST 结构域内部都含有一个较小的 C2HC 锌指结构域，对于 HAT 酶活性的发挥具有十分重要的作用（Yang，2004）。此外，有的 MYST 家族成员还存在 Chromodomain 结构域（Boycheva et al.，2014）。拟南芥 MYST 家族的 2 个成员 HAG4 和 HAG5 均具有 MYST 结构域和 C2HC 锌指结构域，能够催化组蛋白 H4 第 5 位赖氨酸残基的乙酰化（Yang，2004）。大麦的 MYST 家族蛋白 HvMYST 存在 C2H2 锌指结构域、Chromodomain 结构域和 MOZ-SAS 结构域（Papaefthimiou et al.，2010）。MYST 家族蛋白与 GNAT 家族蛋白均参与多个生命过程，如基因转录激活和 DNA 修复。

2.2.3　CBP 家族

p300/CBP 家族包括 p300（也称为 EP300 或 E1A binding protein p300）和 CBP（CREB-binding protein）两种分子质量约为 300kDa 的相近蛋白质。p300/CBP 作为转录共活化因子能够与多种转录因子发生相互作用而促进靶基因的表达，参与多种细胞过程（如细胞周期、分化和凋亡）的调节（Han et al.，2007）。动物含有 1 或 2 个 p300/CBP 类型的组蛋白乙酰基转移酶，而真菌缺少 p300/CBP 蛋白。与真菌和动物相比，植物存在较多数目的 p300/CBP 家族成员。例如，在拟南芥中存在 5 种 p300/CBP 家族蛋白，包括 HAC1、HAC2、HAC4、HAC5 和 HAC12。系统进化树分析显示，早期 HAC2 家系出现分化，最终导致拟南芥中出现了其他

4 个同源分支，即 HAC1、HAC4、HAC5 和 HAC12（Pandey et al.，2002）。植物与动物的 CBP 蛋白在结构上具有共同特点，即都具有富集半胱氨酸的 CBP-类型的 HAT 结构域、Znf_ZZ 结构域、Znf_TAZ 结构域和部分保守的 PHD_ZnF 结构域（Liu et al.，2012；Papaefthimiou et al.，2010）。TAZ_和 ZZ_类型的锌指结构域介导组蛋白乙酰基转移酶与转录因子间的相互作用。PHD 类型的锌指结构域在蛋白质识别和互作中发挥重要的作用。植物 CBP 蛋白缺少动物 CBP 蛋白所具有的 Bromodomain 结构域、KIX 结构域，以及 C 端谷氨酸富集区。KIX 结构域能够与核因子 CREB 结合，谷氨酸富集区能够与哺乳动物特异的 SRC-1 和 ACTR 蛋白结合（Pandey et al.，2002）。植物中不存在 SRC-1 和 ACTR 蛋白，因此其 CBP 蛋白也就不存在 C 端谷氨酸富集区。

2.2.4　TAFII250 家族

TAFII250 家族成员在真核生物中广泛存在。系统进化树分析显示，在真核生物中共发现了 18 个 TAFII250 家族成员。在真菌中，发现 2 个 TAFII250 家族成员（ScHAF201 和 SpHAF601）；在动物中，发现 4 个（HsHAF501、HsHAF502、DmHAF401 和 CeHAF301）；在苔藓和蕨类植物中，发现 4 个（PpHAF1501、PpHAF1502、SmHAF1601 和 SmHAF1602）；在单子叶植物中，发现 4 个（ZmHAF101、SbHAF2601、OsHAF701 和 OsHAF2201）；在双子叶植物中，发现 4 个（AtHAF1、AtHAF2、PtHAF901 和 PtHAF902）（Liu et al.，2012）。TAFII250 家族基因主要功能是编码 TATA 结合蛋白相关因子 1［TATA-binding protein（TBP）-associated factor 1］。玉米、水稻和拟南芥中的 TAFII250 蛋白主要存在 4 个结构域，即 TAFII250 型-HAT 结构域、泛素结构域、C2HC 锌指结构域和 Bromodomain 结构域（Liu et al.，2012）。其中，泛素结构域是植物特有的，真菌和动物的 TAFII250 蛋白没有此结构域（Papaefthimiou et al.，2010）。拟南芥 TAFII250 型-HAT 结构域长度约为 260 个氨基酸，与动物和果蝇的 TAFII250 型-HAT 结构域长度相近（Pandey et al.，2002）。植物不同类型的组蛋白乙酰基转移酶（HAT）与来自其他真核生物（如真菌和动物）的 HAT 在结构上具有相似性，但又不完全相同，在结构域的数目和种类上都有差异。这种结构上的差异暗示，植物 HAT 与真菌和动物的 HAT 在功能上可能不完全相同，植物通过自身的 HAT 实现对基因表达的调控，进而调节其生长、发育和环境应答反应。

2.3　底物特异性

组蛋白乙酰基转移酶（HAT）是一个基因超家族，真核生物存在多种多样的 HAT，在基因转录、DNA 复制和修复等过程中发挥重要的作用。其功能的多样性也代表了其底物的多样性。HAT 除了能催化组蛋白发生乙酰化外，还能够使非组蛋白发生乙酰化。

2.3.1　组蛋白底物

HAT 能够催化组蛋白 H2A、H2B、H3 和 H4 位于 N 端的赖氨酸残基发生乙酰化（Fukuda et al.，2006；Marmorstein，2001；Hassig and Schreiber，1997；Brownell and Allis，1996）。HAT 主要是催化组蛋白 H3 和 H4 上赖氨酸残基的乙酰化，不同的 HAT 对 4 种核心组蛋白具有不同的特异性和倾向性。目前在酵母、果蝇和人类中的研究表明，GNAT 家族蛋白主要作用的底物是组蛋白 H3 和 H4。酵母 GCN5（包括 SAGA 和 Ada）除了能催化组蛋白 H3 和 H4 发生乙酰化外，还能够使 H2B 蛋白发生乙酰化（Marmorstein，2001）。MYST 家族成员主要是催化组蛋白 H4 和 H3 发生乙酰化，其中酵母 Sas3 和 Esa1，果蝇 MOE，以及人 Tip60 和 MOZ 蛋白还能够催化组蛋白 H2A 发生乙酰化（Marmorstein，2001）。酵母和人的 TAFII250 家族蛋白能使 H3 和 H4 发生乙酰化。p300/CBP 家族蛋白的底物范围最为广泛，能够使所有的核心组蛋白（H3、H4、H2A 和 H2B）发生乙酰化。

组蛋白可以有两种存在状态，一种是以核小体的形式存在，另一种是以组装成核小体前的游离状态存在。HAT 也可以有两种存在状态，一种是作为独立分子，另一种是作为蛋白复合物的一个成员。不同状态下的 HAT 对两种不同状态下的核心组蛋白具有不同的催化能力。例如，在一般情况下，MYST 家族中来自酵母的 Esa1 和来自人类的 Tip60 催化游离状态的组蛋白 H4、H2A 和 H3 发生乙酰化；当与其他蛋白质形成复合物后，这两种组蛋白乙酰基转移酶均能够使核小体结构上的组蛋白 H4 和 H2A 发生乙酰化（Carrozza et al.，2003）。

HAT 主要催化核心组蛋白 N 端赖氨酸残基发生乙酰化。从酵母到人类，HAT 作用的赖氨酸残基位点具有共通性，即组蛋白 H3 第 9、14、18 和 23 位的赖氨酸残基常发生乙酰化，组蛋白 H4 的第 5、8、12 和 16 位的赖氨酸残基常发生乙酰化，H2A 的第 5 和 9 位，以及 H2B 的第 5、12、15 和 20 位的赖氨酸残基能够发生乙酰化（Fukuda et al.，2006；Carrozza et al.，2003；Marmorstein，2001）。Tian 等（2005）研究了拟南芥组蛋白去乙酰化酶基因 *AtHD1*（即 *AtHDA19*）突变体中组蛋白乙酰化状态，发现 *AtHD1* 突变体（*athd1-t1*）的组蛋白 H3 第 9 位和 H4 的 4 个位点（K5、K8、K12 和 K16）的乙酰化程度发生变化，暗示拟南芥与其他真核生物具有相同的组蛋白乙酰化位点。此外，植物组蛋白有多个位点能够发生乙酰化。例如，Nallamilli 等（2014）研究发现，水稻组蛋白有 14 个赖氨酸残基位点能够发生乙酰化，其中包括组蛋白 H4 的第 13 和 17 位，组蛋白 H2B 的第 43 和 46 位，以及组蛋白 H2A 的第 7 和 13 位的赖氨酸残基。

2.3.2 非组蛋白底物

组蛋白乙酰基转移酶的作用底物除了组蛋白外，还包括一些非组蛋白。在动物中，这些非组蛋白包括 p53、MyoD 和 c-Myb 等转录调节因子（Fukuda et al.，2006；Marmorstein，2001）。Nallamilli 等（2014）采用免疫亲和与质谱法（immunoaffinity purification coupled with LC-MS/MS）鉴定水稻悬浮细胞中的乙酰化蛋白，发现 44 种蛋白发生了乙酰化，乙酰化的核蛋白仅占乙酰化总蛋白的 17.2%，绝大部分发生乙酰化的是非组蛋白。这些乙酰化的蛋白参与多种细胞过程，如调节基因组的稳定性、基因转录和基因组反转录。此外，一些蛋白质翻译相关因子（如转录起始因子 IF-3-like）和代谢相关蛋白（如 GAPDH、烯醇酶、细胞色素 P450 72A1 和二氢乳清酸脱氢酶）也会发生乙酰化。Finkemeier 等（2011）分析拟南芥叶片中乙酰化蛋白，发现 74 种蛋白质上的 91 个位点能够发生乙酰化。这些乙酰化蛋白中，除了组蛋白 H3、H4 和一些核蛋白外，大部分都是非组蛋白。这些非组蛋白参与多种生命过程，如光合作用、植物发育、细胞信号转导、胁迫应答反应、蛋白质合成和定位等。这些乙酰化蛋白中，9 个乙酰化蛋白是和叶绿体光合作用有关，其中包括 4 个参与卡尔文循环的酶（如 Rubisco 大亚基），暗示乙酰化是叶绿体内蛋白质的一种十分重要的翻译后修饰。此外，这些乙酰化蛋白很多是酶，乙酰化修饰很可能是酶功能的一种重要的调节方式。Melo-Braga 等（2012）研究了葡萄（*Vitis vinifera*）受葡萄花翅小卷蛾（*Lobesia botrana*）侵染后蛋白质表达和翻译后修饰的变化，发现病害侵染后，20 个位点乙酰化水平发生变化。其中，胁迫应答反应相关的第二信使分子钙结合蛋白 CML（CaMCML）第 95 位赖氨酸残基的乙酰化水平升高。这些在水稻、拟南芥和葡萄等植物中的蛋白质组学研究表明，许多细胞核和细胞器中的非组蛋白均能发生乙酰化修饰，乙酰化可能是蛋白质功能和稳定性的一种重要的调节方式。

2.4 生物学功能

HAT 家族的成员常以复合体的形式存在，参与多个细胞过程如转录激活、基因沉默、细胞周期调控、DNA 复制、修复及染色体组装，并在这些过程中发挥十分重要的调节作用（Mai et al.，2009；Kikuchi and Nakayama，2008）。HAT 与植物的生长、发育、胁迫应答反应和细胞周期进程有密切关系（Boycheva et al.，2014）。

2.4.1 在生长发育中的功能

HAT 表达发生改变常会引起植物发育上的异常。目前研究表明，HAT 在植物的发育过程（尤其是花发育）中具有十分重要的调节作用。例如，拟南芥 *GCN5* 发生突变会产生顶生花，其花瓣变为雄蕊，萼片变为丝状结构，以及心皮发生异位。这种花表型的变化可能与花分生组织中花发育关键基因 *WUS*（*WUSCHEL*）和 *AG*（*AGAMOUS*）的表达部位和表达水平的改变有关（Bertrand et al.，2003）。在另外一个研究中，拟南芥 *GCN5* 突变会引起植株矮小、顶端优势丧失、花药发育异常和花的结构异常（Cohen et al.，2009）。拟南芥 MYST 家族成员 HAM1 和 HAM2 参与开花时间的调控，*HAM1* 和 *HAM2* 基因表达受到抑制后会引起拟南芥开花提前，而 *HAM1* 基因过量表达则引起开花推迟（Xiao et al.，2013）。在 *HAM1/2* 抑制表达植株（amiRNA-*HAM1/2*）中，开花相关基因 *FLC*（flowering locus C）及 *MAF3/4*（MADS-box affecting flowering gene 3/4）基因位点的染色质区组蛋白 H4 和 H4K5 的乙酰化水平降低，*FLC* 及 *MAF3/4* 基因的表达量也下降，低于非转基因对照植株；而在 *HAM1* 过量表达植株中，*FLC* 及 *MAF3/4* 基因位点的染色质区组蛋白 H4 和 H4K5 的乙酰化水平升高，*FLC* 及 *MAF3/4* 基因的表达量也增加（Xiao et al.，2013）。这些研究结果表明，拟南芥 *HAM1* 和 *HAM2* 基因能够调节开花相关基因 *FLC* 及其同源基因 *MAF3/4* 所在染色质区组蛋白的乙酰化程度，进而影响这些基因的表达，从而实现对植株开花时间的调控（Xiao et al.，2013）。此外，HAM1 和 HAM2 还与配子体发育有关，拟南芥 *HAM1* 和 *HAM2* 双突变会导致配子体发育停滞在减数分裂期的早期，雌雄配子体在发育上出现严重缺陷（Latrasse et al.，2008）。

拟南芥 p300/CBP 家族的 *HAC1* 基因突变后，会引起植株开花推迟、主根根长缩短和一定程度的育性降低（Deng et al.，2007）。在 *Hac1* 突变体中，开花抑制因子基因 *FLC* 的表达量升高，这可能是引起开花推迟的一个因素（Deng et al.，2007；Han et al.，2007）。Li 等（2014a）研究了拟南芥 p300/CBP 家族的 *HAC1*、*HAC4*、*HAC5* 和 *HAC12* 基因的功能，观察了这些 *HAC* 基因的单基因、双基因或三基因突变体的表型。结果显示，*HAC1* 与其他 *HAC* 基因组合得到的双基因或三基因突变体开花推迟，叶片形态也发生变化，如出现小型、颜色深绿、褶皱和锯齿状的莲座叶片。总的结果显示，HAC1 具有主效作用，HAC1、HAC5 和 HAC12 具有协同作用，HAC5 和 HAC1 协同作用最佳，HAC4 能够减弱 HAC1 与 HAC5 的作用（Li et al.，2014a）。此外，大麦 GNAT 和 MYST 家族成员与种子的发育有密切关系。大麦 *HvMYST*、*HvELP3* 和 *HvGCN5* 基因在种子发育的各个阶段均能表达，但在发育不同阶段表达量不同；*HvMYST* 和 *HvELP3* 在花受精后第 10～20 天时表达量最高，而 *HvGCN5* 在种子发育的第 1～10 天表达量最高（Papaefthimiou et al.，2010）。

2.4.2　在胁迫应答反应中的功能

目前研究表明，HAT 的表达受植物激素、低温、干旱及盐胁迫的调控。目前，在大麦中发现了 3 个 HAT 蛋白，分别为 HvMYST、HvELP3 和 HvGCN5。脱落酸（ABA）处理大麦幼苗 24h 能够诱导 *HvMYST*、*HvELP3* 和 *HvGCN5* 基因的表达，其表达量增加了 2~4 倍（Papaefthimiou et al.，2010）。CBF1 是一个重要的转录调节蛋白，调节低温相关基因的表达。在酵母中，CBF1 需要与 GCN5 及转录共活化因子 ADA2 和 ADA3 相互作用来活化基因的表达。在拟南芥中，存在 GCN5 蛋白和 2 个 ADA2 蛋白（ADA2a 和 ADA2b）。蛋白质互作实验表明，拟南芥 GCN5 能够与 ADA2 蛋白相互作用，而 CBF1 能够与 GCN5 和 ADA2 发生相互作用（Stockinger et al.，2001），暗示 GCN5 可能参与 CBF1 所调节的低温胁迫应答反应。最近研究表明，拟南芥 *GCN5* 基因突变或编码其互作蛋白的 *ADA2b* 基因发生突变均会导致低温适应性相关基因 *COR*（cold regulated gene）表达的下降，但并不影响 *COR* 基因启动子区 H3 组蛋白的乙酰化程度（Pavangadkar et al.，2010）。这些研究结果表明，HAT 参与低温胁迫的应答反应，但 HAT 在此过程中的作用机制仍有待深入了解。

在水稻中存在 8 个 HAT 的基因（Liu et al.，2012），Fang 等（2014）分析了水稻 HAT 不同家族基因 *OsHAC703*、*OsHAG703*、*OsHAM701* 和 *OsHAF701* 在干旱条件下的表达，结果表明这 4 个基因的表达均受干旱胁迫的显著诱导。当干旱处理 29h 后，*OsHAC703*、*OsHAG703*、*OsHAM701* 和 *OsHAF701* 基因的表达水平分别是对照的 2.7 倍、2.2 倍、5.3 倍和 7.7 倍。其中，*OsHAC703*、*OsHAG703* 和 *OsHAM701* 这 3 个基因的表达还受植物激素 ABA 的诱导（Fang et al.，2014）。这些研究结果表明，水稻 HAT 的基因参与干旱胁迫的应答反应。此外，HAT 还与盐胁迫应答反应有密切关系。盐胁迫下，玉米根的生长受到抑制，根细胞增大，根变粗。Li 等（2014b）的研究发现，这种盐胁迫的适应性表型很可能受表观遗传调控。在此研究中，200mmol/L NaCl 处理不同时间（2~96h）后，玉米 B-型 HAT 基因 *HATB* 和 A-型 HAT 基因 *GCN5* 的表达水平上调。NaCl 处理 96h，*HATB* 基因转录水平达到最高，是对照的 2.8 倍；而 NaCl 处理 4h，*GCN5* 基因的转录水平达到最高，是对照的 3.3 倍。*HATB* 和 *GCN5* 基因表达水平上调的同时，伴随着组蛋白 H3K9 和 H4K5 乙酰化水平的提高，二者分别提高了 40% 和 60%。此外，与细胞壁扩张和伸展相关的基因 *EXPB2*（β-expansin）和 *XET1*（xyloglucan endotransglucosylase）的转录水平上调，它们启动子区 H3K9 乙酰化水平也提高（Li et al.，2014b）。这些研究表明，HAT 可通过影响基因的表达引起盐胁迫下玉米根表型发生变化。

此外，HAT 还参与光反应过程。Bertrand 等（2005）研究表明，拟南芥 TAFII250 家族的 *HAF2* 基因作为转录共活化因子参与光信号反应，活化光诱导基因的转录。如果 *HAF2* 基因突变，会导致叶片颜色发黄，叶片的叶绿素含量减少，以及光诱导基因 *RBCS-1A* 和 *CAB2* 的表达量显著降低（Bertrand et al.，2005）。该研究组随后发现，拟南芥 GCN5 也参与光反应过程。*AtGCN5* 突变引起胚轴延长，以及光诱导基因 *RBCS-1A* 和 *CAB2* 表达水平降低，*GCN5* 和 *HAF2* 基因的双重突变会导致这些光诱导基因的表达水平进一步下降。Benhamed 等（2006）研究表明，组蛋白乙酰基转移酶基因 *GCN5* 和 *HAF2* 需要共同存在，才能实现光诱导基因启动子区组蛋白 H3K9、H3K27 和 H4K12 的乙酰化。

参 考 文 献

Allfrey V G, Mirsky A E. 1964. Structural modifications of histones and their possible role in the regulation of RNA synthesis. Science, 144: 559

Benhamed M, Bertrand C, Servet C, et al. 2006. *Arabidopsis* GCN5, HD1, and TAF1/HAF2 interact to regulate histone acetylation required for light-responsive gene expression. The Plant Cell, 18: 2893-2903

Bertrand C, Benhamed M, Li Y F, et al. 2005. *Arabidopsis HAF2* gene encoding TATA-binding protein (TBP)-associated factor TAF1, is required to integrate light signals to regulate gene expression and growth. J Biol Chem, 280: 1465-1473

Bertrand C, Bergounioux C, Domenichini S, et al. 2003. *Arabidopsis* histone acetyltransferase AtGCN5 regulates the floral meristem activity through the WUSCHEL/AGAMOUS pathway. J Biol Chem, 278: 28246-28251

Boycheva I, Vassileva V, Iantcheva A. 2014. Histone acetyltransferases in plant development and plasticity. Curr Genomics, 15: 28-37

Brownell J E, Allis C D. 1995. An activity gel assay detects a single, catalytically active histone acetyltransferase subunit in *Tetrahymena macronuclei*. Proceedings of the National Academy of Sciences of the United States of America, 92: 6364-6368

Brownell J E, Allis C D. 1996. Special HATs for special occasions: linking histone acetylation to chromatin assembly and gene activation. Curr Opin Genet Dev, 6: 176-184

Carrozza M J, Utley R T, Workman J L, et al. 2003. The diverse functions of histone acetyltransferase complexes. Trends Genet, 19: 321-329

Cohen R, Schocken J, Kaldis A, et al. 2009. The histone acetyltransferase GCN5 affects the inflorescence meristem and stamen development in *Arabidopsis*. Planta, 230: 1207-1221

Deng W, Liu C, Pei Y, et al. 2007. Involvement of the histone acetyltransferase AtHAC1 in the regulation of flowering time via repression of FLOWERING LOCUS C in *Arabidopsis*. Plant Physiology, 143: 1660-1668

Fang H, Liu X, Thorn G, et al. 2014. Expression analysis of histone acetyltransferases in rice under drought stress. Biochem Biophys Res Commun, 443: 400-405

Finkemeier I, Laxa M, Miguet L, et al. 2011. Proteins of diverse function and subcellular location are lysine acetylated in *Arabidopsis*. Plant Physiology, 155: 1779-1790

Fukuda H, Sano N, Muto S, et al. 2006. Simple histone acetylation plays a complex role in the regulation of gene expression. Brief Funct Genomic Proteomic, 5: 190-208

Han S K, Song J D, Noh Y S, et al. 2007. Role of plant CBP/p300-like genes in the regulation of flowering time. Plant J, 49: 103-114

Hassig C A, Schreiber S L. 1997. Nuclear histone acetylases and deacetylases and transcriptional regulation: HATs off to HDACs. Curr Opin Chem Biol, 1: 300-308

Kikuchi H, Nakayama T. 2008. GCN5 and BCR signalling collaborate to induce pre-mature B cell apoptosis through depletion of ICAD and IAP2 and activation of caspase activities. Gene, 419: 48-55

Kornet N, Scheres B. 2009. Members of the GCN5 histone acetyltransferase complex regulate PLETHORA-mediated root stem cell niche maintenance and transit amplifying cell proliferation in *Arabidopsis*. The Plant Cell, 21: 1070-1079

Latrasse D, Benhamed M, Henry Y, et al. 2008. The MYST histone acetyltransferases are essential for gametophyte development in *Arabidopsis*. BMC Plant Biol, 8: 121

Li C, Xu J, Li J, et al. 2014a. Involvement of *Arabidopsis* HAC family genes in pleiotropic developmental processes. Plant Signal Behav, 9: e28173

Li H, Yan S, Zhao L, et al. 2014b. Histone acetylation associated up-regulation of the cell wall related genes is involved in salt stress induced maize root swelling. BMC Plant Biol, 14: 105

Liu X, Luo M, Zhang W, et al. 2012. Histone acetyltransferases in rice (*Oryza sativa* L.): phylogenetic analysis, subcellular localization and expression. BMC Plant Biol, 12: 145

Loidl P. 1994. Histone acetylation: facts and questions. Chromosoma, 103: 441-449

Lusser A, Eberharter A, Loidl A, et al. 1999. Analysis of the histone acetyltransferase B complex of maize embryos. Nucleic Acids Res, 27: 4427-4435

Mai A, Rotili D, Tarantino D, et al. 2009. Identification of 4-hydroxyquinolines inhibitors of p300/CBP histone acetyltransferases. Bioorg Med Chem Lett, 19: 1132-1135

Marmorstein R. 2001. Structure of histone acetyltransferases. J Mol Biol, 311: 433-444

Marmorstein R, Berger S L. 2001. Structure and function of bromodomains in chromatin-regulating complexes. Gene, 272: 1-9

Melo-Braga M N, Verano-Braga T, Leon I R, et al. 2012. Modulation of protein phosphorylation, *N*-glycosylation and Lys-acetylation in grape (*Vitis vinifera*) mesocarp and exocarp owing to *Lobesia botrana* infection. Molecular & Cellular Proteomics: MCP, 11: 945-956

Nallamilli B R, Edelmann M J, Zhong X, et al. 2014. Global analysis of lysine acetylation suggests the involvement of protein acetylation in diverse biological processes in rice (*Oryza sativa*). PLoS One, 9: e89283

Neuwald A F, Landsman D. 1997. GCN5-related histone *N*-acetyltransferases belong to a diverse superfamily that includes the yeast SPT10 protein. Trends in Biochemical Sciences, 22: 154-155

Pandey R, Muller A, Napoli C A, et al. 2002. Analysis of histone acetyltransferase and histone deacetylase families of *Arabidopsis thaliana* suggests functional diversification of chromatin modification among multicellular eukaryotes. Nucleic Acids Res, 30: 5036-5055

Papaefthimiou D, Likotrafiti E, Kapazoglou A, et al. 2010. Epigenetic chromatin modifiers in barley: III. Isolation and characterization of the barley GNAT-MYST family of histone acetyltransferases and responses to exogenous ABA. Plant Physiol Biochem, 48: 98-107

Pavangadkar K, Thomashow M F, Triezenberg S J. 2010. Histone dynamics and roles of histone acetyltransferases during cold-induced gene regulation in *Arabidopsis*. Plant Mol Biol, 74: 183-200

Sterner D E, Berger S L. 2000. Acetylation of histones and transcription-related factors. Microbiology and Molecular Biology Reviews: MMBR, 64: 435-459

Stockinger E J, Mao Y, Regier M K, et al. 2001. Transcriptional adaptor and histone acetyltransferase proteins in *Arabidopsis* and their interactions with CBF1, a transcriptional activator involved in cold-regulated gene expression. Nucleic Acids Res, 29: 1524-1533

Tian L, Fong M P, Wang J J, et al. 2005. Reversible histone acetylation and deacetylation mediate genome-wide, promoter-dependent and locus-specific changes in gene expression during plant development. Genetics, 169: 337-345

Xiao J, Zhang H, Xing L, et al. 2013. Requirement of histone acetyltransferases HAM1 and HAM2 for epigenetic modification of FLC in regulating flowering in *Arabidopsis*. J Plant Physiol, 170: 444-451

Yang X J. 2004. The diverse superfamily of lysine acetyltransferases and their roles in leukemia and other diseases. Nucleic Acids Res, 32: 959-976

第3章　动物组蛋白去乙酰化酶

组蛋白去乙酰化酶是一个基因超家族，在真核生物如动物、植物和真菌中广泛分布。1969 年，Inoue 和 Fujimoto 首次在小牛胸腺中检测到了组蛋白去乙酰化酶活性。1996 年，从哺乳动物细胞中克隆得到第一个 HDAC 的基因（*HDAC1*）（Taunton et al.，1996）。目前研究表明，HDAC 通过调节染色体的结构来影响基因的转录，几乎所有与染色质有关的生命过程都可能与 HDAC 有关。由于 HDAC 与多种疾病的形成和发展有密切关系，动物尤其人的 HDAC 受到广泛重视，HDAC 结构和功能研究相对比较深入和全面。真核生物 HDAC 在序列和结构等方面具有高度的保守性，通过对动物 HDAC 的了解，可以促进对植物 HDAC 的认识。

3.1　分　　类

HDAC 是一个基因超家族，目前研究显示人类至少存在 18 种不同的 HDAC 家族成员。根据与酵母 HDAC 序列同源性比较，人的 HDAC 可分为四大类：Class Ⅰ、Class Ⅱ、Class Ⅲ和 Class Ⅳ（表 3-1）（Chen et al.，2015；Hildmann et al.，2007）。Class Ⅰ类型的 HDAC 在序列上与酵母 RPD3 蛋白相近，包括 HDAC1、HDAC2、HDAC3 和 HDAC8。Class Ⅱ类型的 HDAC 在氨基酸序列上与酵母 HDA1 蛋白相近，包括 HDAC4、HDAC5、HDAC6、HDAC7、HDAC9 和 HDAC10。根

表 3-1　人 HDAC 蛋白的分类（Chen et al.，2015；Hildmann et al.，2007）

分类	酵母同源序列	酶	氨基酸残基数	催化结构域数目	催化机制
Class Ⅰ	RPD3	HDAC1	482	1	Zn^{2+}依赖性
		HDAC2	488	1	Zn^{2+}依赖性
		HDAC3	428	1	Zn^{2+}依赖性
		HDAC8	377	1	Zn^{2+}依赖性
Class Ⅱa	HDA1	HDAC4	1084	1	Zn^{2+}依赖性
		HDAC5	1122	1	Zn^{2+}依赖性
		HDAC7	855	1	Zn^{2+}依赖性
		HDAC9	1011	1	Zn^{2+}依赖性
Class Ⅱb	HDA1	HDAC6	1215	2	Zn^{2+}依赖性
		HDAC10	669	2	Zn^{2+}依赖性
Class Ⅲ	SIR2	SIRT1～SIRT7	310～747	1	NAD^+依赖性
Class Ⅳ	RPD3/HDA1	HDAC11	347	1	Zn^{2+}依赖性

据催化位点数目的多少，Class Ⅱ类型的 HDAC 又可分为 2 类，即 Class Ⅱa 和 Class Ⅱb。Class Ⅱa 类型的 HDAC 有一个催化位点，Class Ⅱb 类型的 HDAC 有 2 个催化位点。Class Ⅲ类型的 HDAC 在序列上与酵母 SIR2 蛋白相近，包括 SIRT1、SIRT2、SIRT3、SIRT4、SIRT5、SIRT6 和 SIRT7。Class Ⅳ类型的 HDAC 为 HDAC11，它在序列上与 Class Ⅰ和 Class Ⅱ类型的 HDAC 蛋白具有相似性。 Class Ⅰ、Class Ⅱ和 Class Ⅳ类型的 HDAC 酶活性的发挥需要 Zn^{2+}的存在，而 Class Ⅲ类型的 HDAC 酶活性的发挥需要 NAD^+的存在。

3.2　结　构　域

RPD3/HDA1 类型的组蛋白去乙酰化酶通常含有保守的 HDAC 结构域，它是组蛋白去乙酰化酶的催化活性部位。人 Class Ⅰ、Class Ⅱa 和 Class Ⅳ类型的组蛋白去乙酰化酶通常含有 1 个保守的 HDAC 结构域，而 Class Ⅱb 类型的 HDAC 则含有 2 个 HDAC 结构域（图 3-1）（Seto and Yoshida，2014）。不同类型的 HDAC 成员，其 HDAC 结构域在蛋白质多肽链上的位置不同。Class Ⅰ类型组蛋白去乙酰化酶的 HDAC 结构域位于多肽链的 N 端，4 个成员彼此之间氨基酸序列一致性达 45%~94%。Class Ⅱa 类型的组蛋白去乙酰化酶的 HDAC 结构域位于多肽链的 C 端，而 Class Ⅱb 类型的组蛋白去乙酰化酶具有两个 HDAC 结构域。大部分 Class Ⅲ类型的组蛋白去乙酰化酶（SIR2）具有 NAD^+依赖性去乙酰化酶结构域或

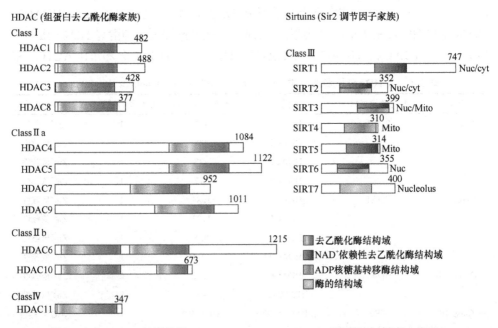

图 3-1　人 HDAC 的结构域（Seto and Yoshida，2014）（彩图请扫封底二维码）

ADP 核糖基转移酶结构域（ADP ribosyltransferase domain）。其中，SIRT2、SIRT3 和 SIRT6 具有这两种结构域。Class Ⅳ类型的组蛋白去乙酰化酶其 HDAC 结构域位于 N 端。

3.3　亚细胞定位

确定蛋白质在细胞内的定位，对于了解其功能十分重要。目前，人 HDAC 家族所有成员的亚细胞定位均已经研究得比较清楚（表 3-2）（Chen et al., 2015；Seto and Yoshida，2014；Barneda-Zahonero and Parra，2012；Hildmann et al., 2007）。HDAC 主要在细胞核内分布，某些 HDAC 成员除了在细胞核定位外，还在细胞质或细胞器分布。Class Ⅰ类型的 HDAC 主要定位于细胞核中，在多种组织器官中广泛表达。与 Class Ⅰ不同，Class Ⅱ类型的 HDAC 往往在特定的组织中特异性表达，Class Ⅱ类型的 HDAC 除了在细胞核内分布，还在细胞质中存在和发挥作用。Class Ⅲ类型的 HDAC 在细胞核、细胞质或细胞器中分布。其中，SIRT1 和 SIRT2 主要定位于细胞核和细胞质中，SIRT3 位于细胞核和线粒体中，SIRT4 和 SIRT5 位于线粒体中，SIRT6 位于细胞核中，而 SIRT7 位于细胞核核仁中（Chen et al., 2015；Hildmann et al., 2007）。作为 Class Ⅳ类型的 HDAC，HDAC11 主要定位于细胞核中。

表 3-2　人 **HDAC** 的亚细胞定位（Chen et al., 2015；Hildmann et al., 2007）

分类	酵母同源序列	酶	亚细胞定位
Class Ⅰ	RPD3	HDAC1	细胞核
		HDAC2	细胞核
		HDAC3	细胞核
		HDAC8	细胞核
Class Ⅱa	HDA1	HDAC4	细胞核，细胞质
		HDAC5	细胞核，细胞质
		HDAC7	细胞核，细胞质
		HDAC9	细胞核，细胞质
Class Ⅱb	HDA1	HDAC6	细胞核，细胞质
		HDAC10	细胞核，细胞质
Class Ⅲ	SIR2	SIRT1	细胞核，细胞质
		SIRT2	细胞核，细胞质
		SIRT3	细胞核，线粒体
		SIRT4	线粒体
		SIRT5	线粒体
		SIRT6	细胞核
		SIRT7	核仁
Class Ⅳ	RPD3/HDA1	HDAC11	细胞核

3.4　蛋白质结构

早在 1999 年，Finnin 等就利用 X-射线晶体衍射的方法获得了超嗜热菌（*Aquifex aeolicus*）HDAC 类蛋白 HDLP（histone deacetylase-like protein）的结构（图 3-2）。HDLP 蛋白具有保守的去乙酰化酶核心结构域，主要由 α-螺旋（α-helix）和 β-折叠（β-strand）构成。其酶活性位点、Zn^{2+}结合位点和抑制剂结合位点均位于一个管状区域。HDLP 蛋白在氨基酸序列上与人 HDAC1 具有 35.2%的同源性，HDLP 蛋白的结构信息为人们了解真核生物 HDAC 的结构提供了有用信息。

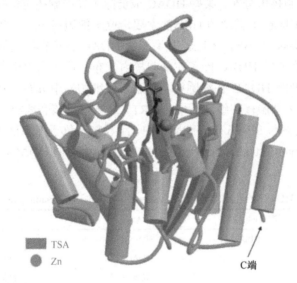

图 3-2　超嗜热菌 HDLP 蛋白的结构（Finnin et al.，1999）（彩图请扫封底二维码）

目前，已经获得了人 HDAC1、HDAC2、HDAC3、HDAC4、HDAC7 和 HDAC8 的蛋白质结构（图 3-3）（Micelli and Rastelli，2015；Seto and Yoshida，2014；Ficner，

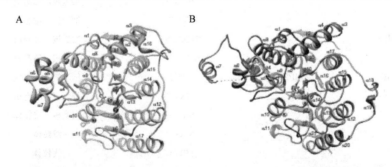

图 3-3　人 HDAC 的结构（Micelli and Rastelli，2015）（彩图请扫封底二维码）
A. Class Ⅰ类型的 HDAC 蛋白结构［Protein Data Bank（PDB）code 3MAX］；
B. Class Ⅱa 类型的 HDAC 蛋白结构（PDB code 3C10）

2009）。这些 Class Ⅰ 和 Class Ⅱa 类型的 HDAC 在结构上具有保守性，即都有一个球状 α/β 结构域，其中心部分是一个平行的 β-折叠片层，外周两侧分布有若干的 α-螺旋。HDAC 酶活性位点呈管状，Zn^{2+} 位于活性位点所在区域的底部。Zn^{2+} 周围存在一些保守的、对于 HDAC 酶催化活性非常重要的氨基酸残基（如 Asp 和 His），还存在 HDAC 酶抑制剂的羧基，以及一个水分子（Ficner，2009）。HDAC 蛋白结构的解析，为研究 HDAC 催化组蛋白去乙酰化的作用机制奠定了基础。

3.5 作用机制

蛋白质晶体结构解析、氨基酸位点突变和生物化学等方面的研究使得人们对 HDAC 催化作用机制有了一定的了解。随着更多 HDAC 结构的解析和研究的深入，HDAC 的催化作用机制会得到进一步的深入了解。HDAC 蛋白结构及活性位点具有高度的保守性，HDAC 的作用机制也相近。以超嗜热菌 HDLP 蛋白为例，HDLP 催化中心包含一个 Zn^{2+} 结合位点及几个与酶催化活性密切相关的保守性氨基酸残基，如酪氨酸（Y297）和组氨酸（H131 和 H132）（图 3-4）。其中，组氨酸 H131 和 H132 分别与天冬氨酸 D166 和 D173 形成氢键。组氨酸 H131 与 Zn^{2+} 共同作用使水分子被活化，活化的水分子对底物（乙酰化的赖氨酸）羧基上的碳原子进行亲核攻击，最后释放出乙酰基团。

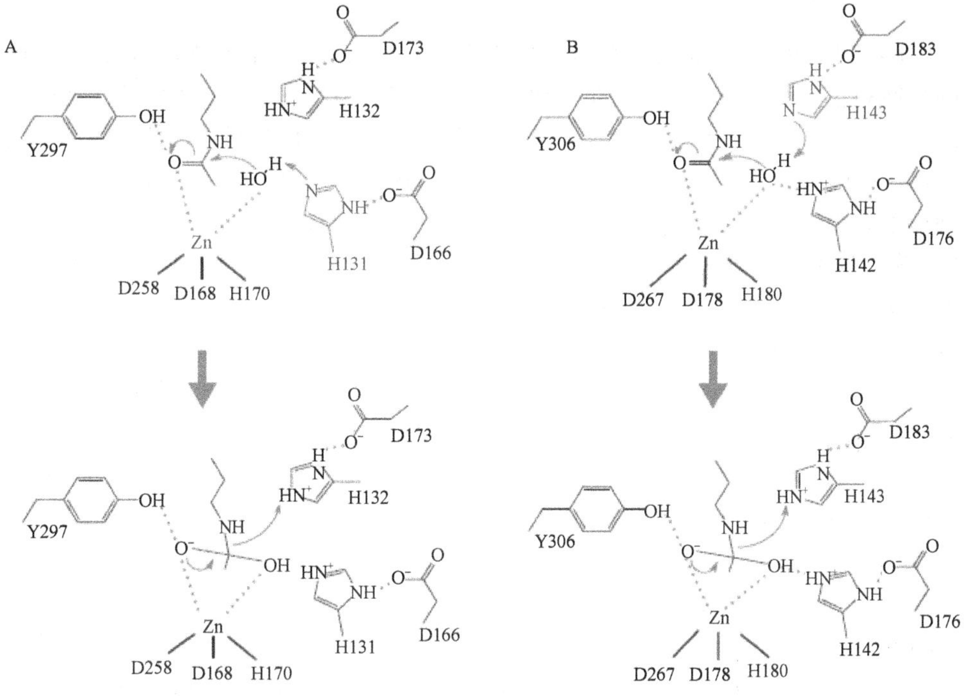

图 3-4 HDAC 的作用机制（Seto and Yoshida，2014）

A. 超嗜热菌 HDLP 蛋白的作用机制；B. 人 HDAC8 的作用机制

真核生物组蛋白去乙酰化酶 HDAC4、HDAC7 和 HDAC8 的催化作用机制与超嗜热菌 HDLP 蛋白相似（Seto and Yoshida，2014；Ficne，2009；Hildmann et al.，2007）。以 HDAC8 为例（图 3-4），HDAC8 活性中心的 Zn^{2+} 与底物乙酰化赖氨酸残基上羰基的氧原子结合，增加了羰基上碳原子的亲电性。Zn^{2+} 也与水分子的氧原子结合，增加了氧原子的亲核性，水分子与组氨酸 H142 和 H143 之间的氢键作用进一步增加了水分子中氧原子的亲核性。水分子对乙酰化的赖氨酸残基上羰基碳原子进行亲核攻击，形成四面体氧离子中间体。Zn^{2+} 及酪氨酸（Tyr306）的羟基可以稳定氧离子。最后，底物赖氨酸残基的 ε-氮原子从组氨酸残基（His143）获得质子，并释放出乙酰基团。

3.6　生物学功能

HDAC 的基因突变、表达变化或非正常招募到某些位点发挥作用均能影响基因的转录，干扰细胞正常过程，进而引起多种疾病的产生，如癌症、神经系统疾病、心血管系统疾病、免疫系统疾病和代谢相关疾病等。在临床上，HDAC 抑制剂被用来治疗多种疾病（Tang et al.，2013）。

3.6.1　与癌症形成和发展的关系

HAT 和 HDAC 共同作用使细胞内组蛋白乙酰化处于动态平衡，进而维持细胞的平衡和正常的功能。在肿瘤形成过程中，细胞内组蛋白正常的乙酰化状态明显改变，趋向于去乙酰化，这样便干扰了细胞的增殖、分化和凋亡，使正常细胞向肿瘤细胞转变。此外，这种乙酰化平衡的打破还会促使癌细胞进一步发展，引起肿瘤细胞脱附着、转移、侵染及血管形成（图 3-5）（Parbin et al.，2014）。在肿瘤中，编码 HDAC 的基因发生突变比较少见（Lafon-Hughes et al.，2008），多是 HDAC 表达水平发生变化（Dokmanovic et al.，2007）。此外，HDAC 招募到染色质异常位点也与癌症的发生有关。在多种癌症中，HDAC 家族尤其是 Class Ⅰ 类型的组蛋白去乙酰化酶表达水平发生显著变化。例如，在胃癌、乳腺癌、胰腺癌、肝癌、肺癌、肾癌、结肠癌和前列腺癌中，*HDAC1* 过量表达；在肾癌、结肠癌和胃癌中，*HDAC2* 和 *HDAC3* 的表达量很高（Barneda-Zahonero and Parra，2012）。HDAC4 功能丧失或表达水平下降也与癌症的产生有关。例如，在乳腺癌中，*HDAC4* 基因发生突变（Sjoblom et al.，2006）。Class Ⅱ 类型的组蛋白去乙酰化酶 *HDAC7* 在胰腺癌患者细胞质中表达水平很高，*HDAC9* 在子宫颈癌细胞中表达水平较高（Barneda-Zahonero and Parra，2012）。*HDAC7* 和 *HDAC9* 高水平表达容易导致儿童急性淋巴细胞白血病预后较差（Moreno et al.，2010）。此外，*HDAC6* 在口腔鳞状细胞癌中表达水平极高，而且在晚期癌症细胞中的表达水平远高于早期癌症细胞（Sakuma et al.，2006）。目前研究表明，Class Ⅲ类型的组蛋白去乙酰化酶也与癌症有关，不过这类 HDAC 不同成员表现出不同的功能，能够促进癌症的产生或抑制癌症的发展。在神经胶质瘤和胃癌中，*SIRT2* 表达水平下调；而在乳腺癌中，*SIRT7* 表达水平上调（Barneda-Zahonero and Parra，2012）。在不同类型的乳腺癌中，*SIRT3* 表达水平上调或下调（Barneda-Zahonero and Parra，2012；Kim et al.，2010；Ashraf et al.，2006）。*SIRT3* 基因敲除诱导异种移植小鼠模型中肿瘤的形成（Bell et al.，2011），而 *SIRT7* 的去除则降低了人癌细胞异种移植小鼠模型中肿瘤的形成（Barber et al.，2012）。

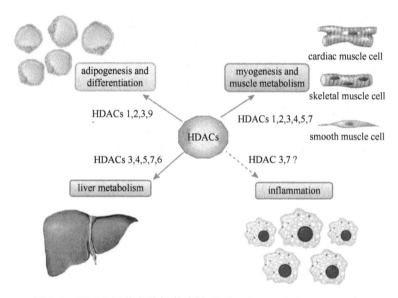

图 3-5　HDAC 调节多种代谢过程（Mihaylova and Shaw，2013）

adipogenesis and differentiation. 脂肪形成和分化；myogenesis and muscle metabolism. 肌细胞形成和肌代谢；liver metabolism. 肝代谢；inflammation. 炎症；cardiac muscle cell. 心肌细胞；skeletal muscle cell. 骨骼肌细胞；smooth muscle cell. 平滑肌细胞

　　染色体易位引起的 HDAC 异常招募也会引起癌症。通常情况下，HDAC 与转录调节因子由于染色体易位形成融合蛋白，HDAC 被招募到转录调节因子作用的靶基因位点并抑制这些靶基因（如参与细胞分化或肿瘤抑制的基因）的表达，最终导致肿瘤的形成。例如，视黄酸受体（retinoic acid receptor，RAR）是骨髓瘤细胞细胞分化途径上一个十分重要的成员。在早幼粒细胞性白血病患者（acute promyelocytic leukemia，APL）中，由于染色体易位形成了 PML-RARα 融合蛋白，该融合蛋白将 HDAC 带到 RARα 靶基因位点，引起这些基因的持续性抑制（Lafon-Hughes et al.，2008；Bolden et al.，2006；Dokmanovic and Marks，2005），进而抑制细胞的分化，促进了细胞向增殖方向发展。AML1（acute myeloid leukemia 1）是血液肿瘤细胞分化所需的一种转录因子。在急性髓细胞性白血病患者中，染色体易位形成 AML1-ETO 融合蛋白,该融合蛋白将 HDAC 带到 AML1 靶基因位点,并抑制这些靶基因的表达(Lafon-Hughes et al.,2008；Bolden et al.,2006；Dokmanovic and Marks,2005),进而抑制细胞的分化。

3.6.2 与神经系统疾病的关系

动物实验模型研究表明,HDAC 在脑功能、神经发育和退变中具有十分重要的功能(Falkenberg and Johnstone,2014)。HDAC 家族不同成员在神经系统发育中具有不同的功能。例如,HDAC2 的存在对于早期神经发育非常重要,如果特异性敲除掉小鼠脑中 HDAC1 和 HDAC2,会严重破坏皮层、海马及小脑的组织结构,并导致神经元前体发生凋亡(Montgomery et al.,2009)。此外,HDAC2 表达变化还会引起成熟神经元发生病变。例如,HDAC2 过量表达对于突触可塑性、神经突触数目和树突棘密度具有负调控作用,引起学习和记忆功能缺陷；而 HDAC2 缺陷型小鼠或对 HDAC2 过量表达小鼠进行 HDAC 抑制剂处理,则有助于提高记忆力(Guan et al.,2009)。HDAC4 对于神经系统发育也十分重要。HDAC4 敲除小鼠表现出小脑发育迟缓(Majdzadeh et al.,2008),如果特异性敲除脑中 HDAC4 还会引起学习和记忆功能的丧失(Kim et al.,2012)。此外,研究发现,HDAC6 与情绪调控有关,HDAC6 缺失小鼠或者用 HDAC6 抑制剂处理的小鼠均会表现出抗抑郁和较低的焦虑症状(Falkenberg and Johnstone,2014)。

3.6.3 与代谢的关系

目前研究发现,HDAC 参与多种组织代谢的调控,包括肌形成和代谢、肝脏代谢、脂肪形成与分化,以及炎症反应(图 3-5)(Mihaylova and Shaw,2013)。HDAC 与心肌和骨骼肌代谢有密切关系。Class Ⅰ 类型的 HDAC1 和 HDAC2 在心脏发育和生长过程中具有十分重要的作用。完全敲除 HDAC1 和 HDAC2 会导致小鼠胚胎期或出生后致死(Mihaylova and Shaw,2013)。HDAC3 是心脏能量代谢的关键调控因子,在出生前特异性敲除心脏中 HDAC3 基因会导致敲除小鼠严重的心肌肥大和代谢异常(Montgomery et al.,2008)。在出生后特异性敲除心脏和骨骼肌中 HDAC3 会导致小鼠对高脂肪食物非常敏感。敲除鼠在正常喂养情况下没有明显的心肌功能异常,而在高脂肪食物供给情况下会出现严重的心肌肥大、纤维化,甚至心脏衰竭(Sun et al.,2011)。人 HDAC4、HDAC5、HDAC7 和 HDAC9 与肌肉生理和代谢之间的关系研究得比较清楚。这些 Class Ⅱa 类型的 HDAC 蛋白受磷酸化调节,其 N 端保守的氨基酸残基发生磷酸化会促使这些 HDAC 与 14-3-3 蛋白结合并进入细胞质中；当这些 HDAC 发生去磷酸化后则进入细胞核中,在细胞核中发挥作用,通过特异性抑制转录因子 MEF2(myocyte enhancer factor 2)来抑制肌生成和肌纤维转变(Mihaylova and Shaw,2013)。

最近的研究表明，HDAC 能够控制脂肪形成。小鼠胚胎成纤维细胞中的 *HDAC1* 和 *HDAC2* 基因敲除后会导致敲除鼠脂肪积累减少（Haberland et al.，2010）。*HDAC1* 和 *HDAC2* 在这个过程中具有重叠功能，敲除其中任何一个基因均没有明显效果。HDAC3 与 HDAC9 也与脂肪生成有关。HDAC9 似乎是脂肪生成的负调控因子，在脂肪细胞分化过程中仅 *HDAC9* 基因的表达是下降的（Chatterjee et al.，2011）。HDAC 还与肝脏代谢有关。特异性敲除成鼠肝脏 *HDAC3* 基因会提高脂肪生成相关基因的表达，并引起严重的肝脏脂肪化（Feng et al.，2011；Knutson et al.，2008）。此外，HDAC4、HDAC5、HDAC6 和 HDAC7 也与肝脏代谢有关（Mihaylova and Shaw，2013）。在多种小鼠代谢相关模型中，*HDAC4/5/7* 表达受到抑制会增加糖原的积累，降低血液中葡萄糖的含量。此外，目前研究表明 HDAC 还参与自我吞噬和巨噬细胞活化等炎症反应（Mihaylova and Shaw，2013），HDAC 在这些过程中的具体作用还有待体内实验等进一步证明。

参 考 文 献

Ashraf N, Zino S, Macintyre A, et al. 2006. Altered sirtuin expression is associated with node-positive breast cancer. British Journal of Cancer, 95: 1056-1061

Barber M F, Michishita-Kioi E, Xi Y, et al. 2012. SIRT7 links H3K18 deacetylation to maintenance of oncogenic transformation. Nature, 487: 114-118

Barneda-Zahonero B, Parra M. 2012. Histone deacetylases and cancer. Molecular Oncology, 6: 579-589

Bell E L, Emerling B M, Ricoult S J, et al. 2011. SirT3 suppresses hypoxia inducible factor 1α and tumor growth by inhibiting mitochondrial ROS production. Oncogene, 30: 2986-2996

Bolden J E, Peart M J, Johnstone R W. 2006. Anticancer activities of histone deacetylase inhibitors. Nature Reviews Drug Discovery, 5: 769-784

Chatterjee T K, Idelman G, Blanco V, et al. 2011. Histone deacetylase 9 is a negative regulator of adipogenic differentiation. The Journal of Biological Chemistry, 286: 27836-27847

Chen P J, Huang C, Meng X M, et al. 2015. Epigenetic modifications by histone deacetylases: biological implications and therapeutic potential in liver fibrosis. Biochimie, 116: 61-69

Dokmanovic M, Clarke C, Marks P A. 2007. Histone deacetylase inhibitors: overview and perspectives. Molecular Cancer Research: MCR, 5: 981-989

Dokmanovic M, Marks P A. 2005. Prospects: histone deacetylase inhibitors. Journal of Cellular Biochemistry, 96: 293-304

Falkenberg K J, Johnstone R W. 2014. Histone deacetylases and their inhibitors in cancer, neurological diseases and immune disorders. Nature Reviews Drug Discovery, 13: 673-691

Feng D, Liu T, Sun Z, et al. 2011. A circadian rhythm orchestrated by histone deacetylase 3 controls hepatic lipid metabolism. Science, 331: 1315-1319

Ficner R. 2009. Novel structural insights into class Ⅰ and Ⅱ histone deacetylases. Current Topics in Medicinal Chemistry, 9: 235-240

Finnin M S, Donigian J R, Cohen A, et al. 1999. Structures of a histone deacetylase homologue bound to the TSA and SAHA inhibitors. Nature, 401: 188-193

Guan J S, Haggarty S J, Giacometti E, et al. 2009. HDAC2 negatively regulates memory formation and synaptic plasticity. Nature, 459: 55-60

Haberland M, Carrer M, Mokalled M H, et al. 2010. Redundant control of adipogenesis by histone deacetylases 1 and 2. The Journal of Biological Chemistry, 285: 14663-14670

Hildmann C, Riester D, Schwienhorst A. 2007. Histone deacetylases—an important class of cellular regulators with a variety of functions. Applied Microbiology and Biotechnology, 75: 487-497

Inoue A, Fujimoto D. 1969. Enzymatic deacetylation of histone. Biochemical and Biophysical Research Communications, 36: 146-150

Kim H S, Patel K, Muldoon-Jacobs K, et al. 2010. SIRT3 is a mitochondria-localized tumor suppressor required for maintenance of mitochondrial integrity and metabolism during stress. Cancer Cell, 17: 41-52

Kim M S, Akhtar M W, Adachi M, et al. 2012. An essential role for histone deacetylase 4 in synaptic plasticity and memory formation. The Journal of Neuroscience: the Official Journal of the Society for Neuroscience, 32: 10879-10886

Knutson S K, Chyla B J, Amann J M, et al. 2008. Liver-specific deletion of histone deacetylase 3 disrupts metabolic transcriptional networks. The EMBO Journal, 27: 1017-1028

Lafon-Hughes L, Di Tomaso M V, Mendez-Acuna L, et al. 2008. Chromatin-remodelling mechanisms in cancer. Mutation Research, 658: 191-214

Majdzadeh N, Wang L, Morrison B E, et al. 2008. HDAC4 inhibits cell-cycle progression and protects neurons from cell death. Developmental Neurobiology, 68: 1076-1092

Micelli C, Rastelli G. 2015. Histone deacetylases: structural determinants of inhibitor selectivity. Drug Discovery Today, 20: 718-735

Mihaylova M M, Shaw R J. 2013. Metabolic reprogramming by class I and II histone deacetylases. Trends in Endocrinology and Metabolism: TEM, 24: 48-57

Montgomery R L, Hsieh J, Barbosa A C, et al. 2009. Histone deacetylases 1 and 2 control the progression of neural precursors to neurons during brain development. Proceedings of the National Academy of Sciences of the United States of America, 106: 7876-7881

Montgomery R L, Potthoff M J, Haberland M, et al. 2008. Maintenance of cardiac energy metabolism by histone deacetylase 3 in mice. The Journal of Clinical Investigation, 118: 3588-3597

Moreno D A, Scrideli C A, Cortez M A, et al. 2010. Differential expression of HDAC3, HDAC7 and HDAC9 is associated with prognosis and survival in childhood acute lymphoblastic leukaemia. British Journal of Haematology, 150: 665-673

Parbin S, Kar S, Shilpi A, et al. 2014. Histone deacetylases: a saga of perturbed acetylation homeostasis in cancer. The Journal of Histochemistry and Cytochemistry: Official Journal of the Histochemistry Society, 62: 11-33

Sakuma T, Uzawa K, Onda T, et al. 2006. Aberrant expression of histone deacetylase 6 in oral squamous cell carcinoma. International Journal of Oncology, 29: 117-124

Seto E, Yoshida M. 2014. Erasers of histone acetylation: the histone deacetylase enzymes. Cold Spring Harbor Perspectives in Biology, 6: a018713

Sjoblom T, Jones S, Wood L D, et al. 2006. The consensus coding sequences of human breast and colorectal cancers. Science, 314: 268-274

Sun Z, Singh N, Mullican S E, et al. 2011. Diet-induced lethality due to deletion of the Hdac3 gene in heart and skeletal muscle. The Journal of Biological Chemistry, 286: 33301-33309

Tang J, Yan H, Zhuang S. 2013. Histone deacetylases as targets for treatment of multiple diseases. Clinical Science, 124: 651-662

Taunton J, Hassig C A, Schreiber S L. 1996. A mammalian histone deacetylase related to the yeast transcriptional regulator Rpd3p. Science, 272: 408-411

第 4 章　植物组蛋白去乙酰化酶

1996 年，第一个组蛋白去乙酰化酶基因（*HD1*），现在被称为 *HDAC1*，从人类 Jurkat T 细胞中得到克隆（Taunton et al.，1996）。目前，几乎在所有的真核生物如真菌、动物（如果蝇、小鼠、鸡和人类）和植物中发现了组蛋白去乙酰化酶（HDAC）的存在。在古细菌和真细菌中也存在 HDAC 同源蛋白质（Gregoretti et al.，2004；Johnson and Turner，1999）。在过去的十几年中，植物组蛋白去乙酰化酶越来越受到关注，来自不同植物的组蛋白去乙酰化酶不断得到纯化、鉴定和分析。例如，玉米、拟南芥、水稻、大麦（Demetriou et al.，2009）、马铃薯（Lagace et al.，2003）、葡萄（Busconi et al.，2009）和烟草（Bourque et al.，2011）等植物中的 HDAC 均得到了鉴定和研究。木本植物杨树中也鉴定出了 HDAC 序列的存在（http://www.chromdb.org/）（2012-2-4）。已有研究表明，HDAC 在植物生长和发育、生物和非生物胁迫应答反应及基因沉默等过程中具有十分重要的调控作用。

4.1　分　　类

从酵母到哺乳动物和植物，HDAC 广泛分布于真核生物中。到目前为止，在人类中，至少存在 18 种 HDAC。这些 HDAC 与基因转录、细胞周期、基因沉默、细胞分化、DNA 复制和 DNA 损伤修复等有密切关系（Thiagalingam et al.，2003）。根据与酵母 HDAC 序列同源性比较，真核生物 HDAC 主要分为 3 类，包括 RPD3、HDA1 和 SIR2（Thiagalingam et al.，2003）。1988 年，在豌豆中首次检测到组蛋白去乙酰化酶活性（Sendra et al.，1988）。最近，有关植物 HDAC 的研究越来越多，来自不同植物的 *HDAC* 基因陆续得到克隆和鉴定。根据与酵母 HDAC 序列同源性比较，植物 HDAC 可分为 3 个独立的亚家族，包括 RPD3/HDA1（reduced potassium dependency 3/histone deacetylase 1）、SIR2（silent information regulator 2）和 HD2（histone deacetylase 2）亚家族（Pandey et al.，2002）。RPD3/HDA1 亚家族成员在序列上与酵母 RPD3 和 HDA-1 类型的组蛋白去乙酰化酶同源；SIR2 亚家族成员与酵母 SIR2 蛋白具有同源性；而 HD2 是植物所特有的一类组蛋白去乙酰化酶，最初在玉米胚中发现（Dangl et al.，2001；Lusser et al.，1997）。在动物和真菌中，尚未发现 HD2 类型的组蛋白去乙酰化酶。组蛋白去乙酰化酶是一个基因超家族，在水稻中存在 18 个 *HDAC* 基因，分别编码 14 个 RPD3/HDA1 蛋白、2 个 HD2 蛋白和 2 个 SIR2 蛋白。拟南芥有 18 个 *HDAC* 基因，分别编码 12 个 RPD3/HDA1 蛋白、4 个 HD2 蛋白和 2 个 SIR2 蛋白。玉米有 15 个 *HDAC* 基因，分别编码 10 个 RPD3/HDA1 蛋白、4 个 HD2 蛋白和 1 个 SIR2 蛋白。

4.1.1 RPD3/HDA1 亚家族

RPD3/HDA1 是 HDAC 家族里成员最多的一个亚家族。植物中第一个 RPD3 类型的组蛋白去乙酰化酶基因是从玉米中分离的 *ZmRPD3*（Rossi et al.，1998）。*ZmRPD3* 在酵母（*Saccharomyces cerevisiae*）*rpd3* 突变体中表达能够使突变体表型回复。从玉米萌芽胚中获得的 HDA1 蛋白（现在定名为 ZmHda1）（Brosch et al.，1996）是目前研究得最为深入的一种 HD1A 类型的组蛋白去乙酰化酶（Pipal et al.，2003）。HD1A 受磷酸化调节，磷酸化可以显著改变其酶活性和底物特异性。真核生物 RPD3/HDA1 类型的组蛋白去乙酰化酶催化活性的发挥需要 Zn^{2+}的存在。RPD3 类型组蛋白去乙酰化酶的活性部位呈弯曲管状，具有催化作用的 Zn^{2+}位于其底部。Zn^{2+}及其相邻的保守性氨基酸残基（包括 2 个相邻的组氨酸残基、2 个天冬氨酸残基和 1 个酪氨酸残基）对于乙酰基团的去除是必不可少的（de Ruijter et al.，2003）。RPD3/HDA1 类型的组蛋白去乙酰化酶的酶活性能够被特异性抑制剂曲古柳菌素 A（trichostatin，TSA）或丁酸钠（sodium butyrate）所抑制，这些试剂能够取代酶活性位点的 Zn^{2+}，从而抑制 HDAC 的催化活性（Hollender and Liu，2008）。

4.1.2 HD2 亚家族

HD2 是植物特有的一类组蛋白去乙酰化酶，其结构不同于 RPD3/HDA1 类型的组蛋白去乙酰化酶，在序列上与肽脯氨酰顺反异构酶（peptidyl-prolyl *cis-trans* isomerases，PPIases）具有同源性（Dangl et al.，2001）。HD2 最先是从玉米中检测和纯化出来的（Lopez-Rodas et al.，1991），它是一种酸性核仁磷酸化蛋白，能够调节核仁染色质的结构和功能（Lusser et al.，1997）。玉米、水稻和拟南芥的 HD2 蛋白氨基酸序列比对分析显示，HD2 蛋白由 3 个结构域组成：N 端包含一个保守的由 5 个氨基酸残基组成的基序（MEFWG），中部是带电荷的酸性结构域，C 端结构域差别较大（Dangl et al.，2001）。在所分析的 8 个 HD2 蛋白中，有 6 个蛋白的 C 端结构域含有锌指结构域，这些锌指结构域可能参与蛋白质-蛋白质之间的相互作用。

4.1.3 SIR2 亚家族

SIR2 蛋白，又称 sirtuins，是烟酰胺腺嘌呤二核苷酸（NAD^+）依赖性组蛋白去乙酰基化酶。SIR2 蛋白的序列和结构与 HDAC 家族其他成员不具有同源性，而且其酶活性不能被 TSA 或丁酸钠所抑制（Hollender and Liu, 2008）。因此，SIR2 蛋白被认为是一种新型的组蛋白去乙酰化酶。从细菌到人类，SIR2 类型的组蛋白去乙酰化酶具有高度保守性，在基因表达、细胞凋亡、细胞周期、细胞存活、代谢和衰老等过程中发挥重要的调控作用（Denu，2005；Grubisha et al.，2005）。植物 SIR2 类型的组蛋白去乙酰化酶在数量上要少于真菌和动物中的 SIR2 蛋白。例如，酵母中有 5 个 *SIR2* 基因，哺乳动物细胞中有 7 个 *SIR2* 基因（Frye，2000），而拟南芥和水稻中各有 2 个 *SIR2* 基因，玉米中有一个 *SIR2* 基因。目前，有关植物 SIR2 蛋白的功能了解不多。

4.2　底物特异性

　　所有的核心组蛋白 H2A、H2B、H3 和 H4 均是组蛋白去乙酰化酶的底物。然而对于不同的组蛋白，HDAC 有不同的特异性。例如，萌发的玉米胚组蛋白去乙酰化酶 HD1-A、HD1-B 和 HD2 对组蛋白 H3 比较偏好。HD1-A 和 HD1-B 均能使组蛋白 H2A 和 H4 去乙酰化，且具有几乎相同的特异性，却不能使组蛋白 H2B 去乙酰化。HD2 蛋白能够使 H2A 和 H2B 去乙酰化，却不能使 H4 去乙酰化（Kolle et al.，1999）。Brosch 等（1992）首次揭示，HDAC 受磷酸化调节，磷酸化能够改变其底物特异性。在该研究中，磷酸化使得玉米 HD1-A 对组蛋白 H2A 的特异性增加了 2 倍，对 H3 的特异性下降至原有的 60%（Brosch et al.，1992）。Kolle 等（1999）研究发现，玉米 HD1-A 只能催化 3 个或 4 个位点发生乙酰基化的组蛋白 H4 发生部分去乙酰化，而去磷酸化的 HD1-A 能够使 2 个、3 个或 4 个位点发生乙酰基化的组蛋白 H4 完全去乙酰化。此外，HDAC 对组蛋白上不同位点的赖氨酸残基也有不同的特异性。例如，豌豆组蛋白去乙酰化酶 HD1 对组蛋白 H4 第 5 位赖氨酸（K5）的偏好性大于第 16 位的赖氨酸（K16），对组蛋白 H3 中赖氨酸残基的偏好性从大到小为 K4 ≫ K18≈K9。HD2 蛋白则不同，HD2 蛋白对组蛋白 H4 中赖氨酸残基的偏好性为 K8≈K5>K16，对 H3 中赖氨酸 K4 和 K18 比较偏好（Clemente et al.，2001）。HDAC 对于不同的组蛋白具有不同的特异性，这可能与它们在基因转录活化中具有不同的功能有关。例如，在酵母中，HOS2 和 RPD3 均能使半乳糖苷酶基因 *GAL* 所在染色质区去乙酰化，但 HOS2 和 RPD3 在基因转录活化中发挥相反的作用。RPD3 抑制 *GAL1* 基因的转录，而 HOS2 活化 *GAL1* 基因的转录。这种不同的转录调节作用，可能源于它们具有不同的赖氨酸残基特异性。RPD3 能够催化核心组蛋白 H3、H4、H2A 和 H2B 上所有赖氨酸残基去乙酰化（H4、K16 除外），而 HOS2 倾向于催化组蛋白 H3 和 H4 上赖氨酸残基去乙酰化（包括 H4、K16）（Wang et al.，2002）。某些赖氨酸残基发生特异性去乙酰化可能影响效应蛋白的结合，或影响染色质凝聚和折叠，进而影响基因转录。

　　近几年，在人类细胞中发现了一些组蛋白去乙酰化酶的非组蛋白底物，如核转录因子 p53 和 E2F3、细胞质热休克蛋白（HSP90）、Ku70、α-微管蛋白（α-tubulin）和 β-连环蛋白（β-catenin）（Ma et al.，2009）。利用蛋白质组学方法，从人 HeLa

细胞和小鼠肝线粒体的 195 种蛋白质中鉴定出 388 个乙酰化位点（Choudhary et al.，2009）。这些蛋白质可分为 RNA 剪接因子、伴侣蛋白、结构蛋白、信号转导蛋白和能量代谢蛋白。到目前为止，对于植物中非组蛋白底物了解很少。最近在拟南芥中的研究发现，在不同的亚细胞结构中大量的非组蛋白能被乙酰化（Tran et al.，2012；Finkemeier et al.，2011；Wu et al.，2011）。利用蛋白质组学色谱串联质谱法（LC-MS/MS），从拟南芥中鉴定出 74 个位于细胞器和细胞质中的蛋白质能够发生乙酰化。这些鉴定出来的蛋白质包括 4 个参与卡尔文循环的酶、一些关键代谢酶和 Rubisco 大亚基（Finkemeier et al.，2011）。Wu 等（2011）采用免疫印迹和通用的抗赖氨酸抗体，在 57 种蛋白质中鉴定出了 64 个赖氨酸乙酰化位点，它们分别定位在不同的亚细胞结构，包括叶绿体、细胞核和质膜。这些鉴定出的蛋白质参与多种生命过程，但它们中大多数都与光合作用有关。这些与光合作用相关的蛋白质包括光系统 II（PS II）亚基、捕光叶绿素 a/b 结合蛋白（LHCb）、Rubisco 大小亚基和叶绿体 ATP 合酶（b-亚基）（Wu et al.，2011）。这些研究结果表明，乙酰化可能是叶绿体蛋白质的一种重要的翻译后修饰。最近，利用微囊藻毒素亲和层析法，从拟南芥中纯化和鉴定出组蛋白去乙酰化酶 HDA14，它能够催化 α-微管蛋白去乙酰化（Tran et al.，2012）。因此，在植物中，不仅核心组蛋白是 HDAC 的底物，其他一些非组蛋白也是 HDAC 的底物。

4.3 亚细胞定位

植物 HDAC 通常存在于细胞核、细胞质或在细胞核和细胞质之间穿梭。HDAC 也分布于细胞器如线粒体、叶绿体和内质网（ER）中（表 4-1）。HDAC 存在不同的亚细胞定位可能与它们具有不同的细胞功能有关。HDAC 主要存在于细胞核内，调节核心组蛋白的结构与功能。在细胞核中，HDAC 以可溶性方式存在或结合到染色质上或与核基质相关联，每种存在形式存在不同比例。在玉米胚萌发过程中，HD1A 主要以可溶性形式存在；HD2 以染色质结合形式存在；而 HD1B 在种子萌发不同阶段以可溶性或染色质结合的形式存在，而在基质区只检测到极低的去乙酰化酶活性（5%以下）（Grabher et al.，1994）。现有数据表明，RPD3/HDA1 类型的组蛋白去乙酰化酶分布在细胞核、细胞质或某些细胞器中。RPD3/HDA1 家族的不同成员可能有不同的亚细胞定位（Alinsug et al.，2012）。例如，水稻 OsHDAC6 专一性存在于叶绿体中，而 OsHDAC10 定位于线粒体和叶绿体中（Chung et al.，2009）。HDAC 在叶绿体和线粒体中的定位意味着它们参与包括光合作用在内的核心代谢过程。与 RPD3/HDA1 类型的组蛋白去乙酰化酶不同，HD2 蛋白专一性定位于细胞核中，参与核仁结构和功能的调节（Zhou et al.，2004；Lusser et al.，1997）。在不同组织中，同一个 HDAC 的亚细胞定位也不同。例如，玉米 ZmHDA108，又名 HD1B-II 或 ZmRPD3/108，在花药、胚乳和茎尖细胞具有不同的亚细胞定位。

在花药和胚乳中，ZmHDA108 在细胞核和细胞质中分布；而在茎尖细胞中，则主要在细胞质中分布（Varotto et al.，2003）。环境因素也会影响 HDAC 的定位。拟南芥 HDA15 在光下进入细胞核，而在没有光的情况下离开细胞核，暗示其可能在光信号转导通路中发挥功能。此外，亚细胞定位可能是一个调节 HDAC 活性的机制，特别是对那些定位于细胞核和细胞质中的 HDAC。例如，Class II 类型的组蛋白去乙酰化酶 HDAC4、HDAC5、HDAC7 和 HDAC9 能够在细胞核和细胞质之间穿梭。在钙调蛋白激酶（CaMK）作用下，这些 HDAC 蛋白 N 端保守的丝氨酸残基发生磷酸化，磷酸化作用促使 14-3-3 蛋白结合到 HDAC 的 N 端结构域上。14-3-3 蛋白的结合导致 HDAC 被滞留在细胞质中，减少了细胞核中 HDAC 的含量，从而负调控 HDAC 的酶活性（Sengupta and Seto，2004）。

表 4-1　HDAC 的亚细胞定位

HDAC 家族	HDAC	植物	亚细胞定位	参考文献
RPD3/HDA1	ZmRPD3/101	玉米	细胞质，细胞核	Varotto et al.，2003；Grabher et al.，1994
	ZmRPD3/102	玉米	细胞质，细胞核	Varotto et al.，2003
	ZmRPD3/108	玉米	细胞质，细胞核	Varotto et al.，2003；Grabher et al.，1994
	ZmHD1A	玉米	细胞核	Grabher et al.，1994
	AtHDA5	拟南芥	细胞质（ER）	Alinsug et al.，2012
	AtHDA6	拟南芥	核仁	Chen and Tian，2007；Earley et al.，2006
	AtHDA8	拟南芥	细胞质	Alinsug et al.，2012
	AtHDA14	拟南芥	线粒体，叶绿体	Alinsug et al.，2012
	AtHDA15	拟南芥	细胞质，细胞核	Alinsug et al.，2012
	AtHDA19	拟南芥	细胞核	Fong et al.，2006
	OsHDAC6	水稻	叶绿体	Chung et al.，2009
	OsHDAC10	水稻	线粒体，叶绿体	Chung et al.，2009
HD2	AtHD2A	拟南芥	核仁	Zhou et al.，2004
	AtHD2B	拟南芥	核仁	Zhou et al.，2004
	AtHD2C	拟南芥	核仁	Zhou et al.，2004
	ZmHD2	玉米	核仁	Lusser et al.，1997
SIR2	OsSIR2b	水稻	线粒体	Chung et al.，2009
	OsSRT1	水稻	细胞核	Huang et al.，2007

4.4　表 达 模 式

4.4.1　在不同组织中的表达

HDAC 在几乎所有类型的组织（包括愈伤组织、营养组织、根、花和种子）中表达。Hollender 和 Liu（2008）采用基因芯片的方法，分析了拟南芥 16 个 *HDAC*

基因在 79 个不同组织中的表达。结果表明，HD2 和 RPD3 类型的组蛋白去乙酰化酶基因在花序和幼嫩的花组织中表达量很高，而在营养组织中表达量很低。拟南芥 RPD3 类型组蛋白去乙酰化酶基因 *AtHDA6*、*AtHDA9* 和 *AtHDA19* 的表达模式非常相似，HD2 家庭成员间的表达模式也非常相似。然而，拟南芥两个 *SIR2* 基因（*AtSRT1* 和 *AtSRT2*）的表达模式明显不同，暗示 *SRT1* 和 *SRT2* 可能参与不同的细胞过程，在不同的组织发挥作用。为了研究水稻 *HDAC* 基因表达谱，Hu 等（2009）对 Affimetrix 基因芯片数据进行了分析，发现水稻组蛋白去乙酰化酶基因在各种组织中表达水平不同。在功能上密切相关的 *HDAC* 基因表现出非常相似的表达模式，有些 RPD3/HDA1 亚家族的基因呈现出组织特异性表达方式。例如，*OsHDA703* 基因主要在愈伤组织和吸胀的种子中表达，*OsHDA710* 在幼苗和雄蕊中特异性表达，*OsHDA706* 和 *OsHDA714* 在茎和叶中大量表达（Hu et al.，2009）。水稻 SIR2 类型的组蛋白去乙酰化酶 OsSRT701 定位于细胞核内，而 OsSRT702 定位于线粒体内。由于亚细胞定位不同，这两个基因的表达模式也不同（Hu et al.，2009）。Lagace 等（2003）在马铃薯（*Solanum chacoense*）中鉴定出一个 HD2 类型的组蛋白去乙酰化酶基因 *ScHD2a*，它在雌蕊授粉后显著诱导表达，在胚珠的珠孔区积累，可能与种子的发育有关。不同的 HDAC 在不同组织中的表达量不同，在不同发育阶段其表达量也不同。例如，玉米 *ZmHDA101*（即 *ZmRPD3 I* 或 *HD1B- I*）在种子萌发的整个过程均表达，而 *ZmHDA108* 只在分生组织细胞进入细胞周期 S 期时表达（Lechner et al.，2000）。可见，HDAC 家族不同成员在时间和空间上的表达存在一定差异。

4.4.2 在胁迫条件下的表达

HDAC 基因的表达受胁迫和植物激素如水杨酸（SA）、茉莉酸（JA）或脱落酸（ABA）的调节（Hu et al.，2009；Fu et al.，2007）。微阵列数据显示，水稻 *HDAC* 基因的表达受高盐和干旱胁迫的调节，而低温胁迫对其表达影响较小（Hu et al.，2009）。高盐和干旱胁迫条件下，RPD3 类型的组蛋白去乙酰化酶基因 *OsHDA703* 和 *OsHDA710* 表达水平上调，而大部分 *HDAC* 基因，包括 *OsHDA701*、*OsHDA702*、*OsHDA704*、*OsHDA705*、*OsHDA706*、*OsHDA712*、*OsHDA714*、*OsHDA716*、*OsHDT701* 和 *OsHDT702* 的表达水平下调（Hu et al.，2009）。在另外一个研究中，也发现绝大多数 *HDAC* 基因，包括 *OsHDA704*、*OsHDA706*、*OsHDA712*、*OsHDT701*、*OsSRT701*、*OsSRT702* 和 *OsPR10a* 的表达受高盐和干旱胁迫的抑制（Fu et al.，2007）。这些研究结果表明，HDAC 参与植物非生物胁迫应答反应，HDAC 家族不同成员在胁迫应答反应过程中可能具有不同的功能。

水杨酸和茉莉酸介导植物的防御反应，脱落酸在水分胁迫应答反应中调节植物水分平衡和对渗透胁迫的耐受性。拟南芥 *AtHDA19* 和 *AtHDA6* 基因的表达受茉莉酸诱导（Zhou et al.，2005），*AtHD2C* 基因的表达受脱落酸抑制（Sridha et al.，2006）。在水稻中，不同的 HDAC 家族成员对植物激素的反应不同。例如，水稻叶中 *OsHDA705*、*OsHDTt701* 和 *OsHDT702* 基因的表达受茉莉酸诱导，*OsHDT702* 基因的表达受水杨酸诱导，而 *OsHDT701*、*OsHDT702*、*OsSRT701* 和 *OsSRT702* 基因的表达受脱落酸抑制（Fu et al.，2007）。在大麦中，HD2 亚家族成员 *HvHDAC2-1* 和 *HvHDAC2-2* 的表达受茉莉酸的诱导，但二者对脱落酸的反应不同（Demetriou et al.，2009）。脱落酸诱导 *HvHDAC2-1* 的表达，却抑制 *HvHDAC2-2* 的表达，这意味着二者在脱落酸信号反应中可能具有不同的功能。这些研究表明，某些 HDAC 参与激素信号转导途径，作为一个组成部分发挥功能。

4.5　生物学功能

　　HDAC 介导的组蛋白去乙酰化对基因表达和多种生物学过程具有至关重要的调控作用。在一般情况下，组蛋白去乙酰化酶通常作为一个大的复合物的组成部分来调节基因的表达。虽然 HDAC 发挥调控作用的详细机制仍有待深入研究，但已有的研究表明，组蛋白去乙酰化通常与转录抑制或基因沉默相关。近年来，在植物中一些与 HDAC 相互作用的蛋白质已经被鉴定出来（表 4-2）。这些蛋白质包括 DNA 甲基转移酶、磷酸酶和转录因子。植物 HDAC 是一个大的基因家族，由多个成员构成。不同的 HDAC 成员具有不同的亚细胞定位、表达模式，甚至不同的功能。越来越多的数据表明，HDAC 在植物生长、发育、生物和非生物胁迫应答反应中起着关键的调节作用（表 4-3）。

表 4-2　与 HDAC 相互作用的蛋白质

HDAC	植物	相互作用的蛋白质	蛋白质功能	参考文献
AtHDA6	拟南芥	F-box protein COL1	调控茉莉酸反应基因的表达	Devoto et al.，2002
		flowering locus D（FLD）	调控开花时间	Yu et al.，2011
		DNA methyltransferase 1（MET1）	调控异染色质沉默，维持转座子沉默	Liu et al.，2012；To et al.，2011a
AtHDA14	拟南芥	protein phosphatase PP2A-A	微管蛋白去乙酰化	Tran et al.，2012
AtHDA19	拟南芥	LEUNIG	抗病性，DNA 损伤反应	Gonzalez et al.，2007
		WRKY38，WRKY62	基本防御反应	Kim et al.，2008
		pathogenesis-related1（PR1），PR2	基本防御反应	Choi et al.，2012
		AtSin3	ABA 和干旱胁迫应答反应	Song et al.，2005
ZmRPD3 I	玉米	retinoblastoma-related homologues（ZmRBR1）	调控细胞周期基因转录	Rossi et al.，2003
AtHD2A	拟南芥	DNA methyltransferase 2（AtDNMT2）	抑制基因表达	Song et al.，2010
AtHD2B	拟南芥	DNA methyltransferase 2（AtDNMT2）	抑制基因表达	Song et al.，2010
AtHD2C	拟南芥	DNA methyltransferase 2（AtDNMT2）	抑制基因表达	Song et al.，2010
		histone deacetylase 6（HDA6）	ABA 和盐胁迫应答反应	Luo et al.，2012

表 4-3　植物 HDAC 的功能

HDAC	酶	植物	功能	参考文献
RPD3/ HDA1	AtHDA19	拟南芥	反义抑制表型：多种发育异常，晚花	Tian and Chen，2001；Wu et al.，2000a
			突变体表型：对 ABA 和 NaCl 超敏感，对丁香假单胞菌抗病性提高	Chen and Wu，2010；Choi et al.，2012
			过量表达表型：对甘蓝链格孢菌和丁香假单胞菌抗性增加	Kim et al.，2008；Zhou et al.，2005
	AtHDA6	拟南芥	突变体表型：晚花，对 ABA 和 NaCl 超敏感；对低温驯化后冻害的耐受性降低；JA 应答反应基因的表达水平降低	Chen et al.，2010；To et al.，2011b；Wu et al.，2008；Yu et al.，2011
			RNA 干扰抑制表型：JA 应答反应基因的表达水平降低	Wu et al.，2008
	AtHDA18	拟南芥	影响根细胞分化模式形成，TSA 处理引起根毛在非根毛部位的产生和发育	Xu et al.，2005
	ZmHDA101	玉米	过量表达表型：生长缓慢和晚花	Rossi et al.，2007
			反义抑制表型：生长缓慢和晚花	Rossi et al.，2007
	OsHDAC1	水稻	过量表达表型：生长速率增加，根和茎结构改变	Jang et al.，2003
HD2	AtHD2A	拟南芥	反义抑制表型：种子败育	Wu et al.，2000b
			RNA 干扰表型：产生辐射排列的叶片	Ueno et al.，2007
	AtHD2B	拟南芥	RNA 干扰表型：产生辐射排列的叶片	Ueno et al.，2007
	AtHD2C	拟南芥	过量表达表型：对 ABA 不敏感，对盐和干旱胁迫耐受性提高	Sridha and Wu，2006
			突变体表型：对盐敏感性提高	Luo et al.，2012
	OsHDT1	水稻	过量表达表型：早花	Li et al.，2011
	NtHD2a/2b	烟草	RNA 干扰表型：叶片出现远端坏死，或小的坏死斑点	Bourque et al.，2011
			过量表达表型：显著降低激发子隐地蛋白引起的细胞死亡	Bourque et al.，2011
SIR2	AtSRT2	拟南芥	敲除表型：对丁香假单胞菌的抗病性增强	Wang et al.，2010
			过量表达表型：对丁香假单胞菌的抗病性降低	Wang et al.，2010
	OsSRT1	水稻	RNA 干扰表型：诱导 DNA 片段化和细胞死亡	Huang et al.，2007

4.5.1　在植物生长和发育中的功能

4.5.1.1　生殖发育

HDAC 基因表达发生变化会影响植物的生长发育，从而产生性状的改变。拟南芥 RPD3/HDA1 类型的组蛋白去乙酰化酶 AtHDA19 主要分布在细胞核内常染色质区域，负责基因组范围的转录调控（Fong et al.，2006）。拟南芥 *AtHDA19* 基因的表达受到抑制后可引起转基因植株中组蛋白 H4 的乙酰化水平提高，转基因植物表现出多种发育上的异常，包括早衰、锯齿、种子败育、花形异常和开花延迟（Tian and Chen，2001）。其中，某些表型的改变（如花发育）可能与组织特异性表达基因，如 *SUP*（superman）的异常表达有关（Tian and Chen，2001）。拟南芥

AtHDA6 是与 AtHDA19 同源性较近的一种组蛋白去乙酰化酶，AtHDA6 也参与花的发育。AtHDA6 能够通过抑制 *FLC* 的表达来调控拟南芥开花时间。在拟南芥中，*FLC* 编码一个 MADS-box 转录因子，作为开花抑制因子阻止拟南芥从营养发育到生殖发育的转变。拟南芥 FLD（flowering locus D）是人赖氨酸特异性去甲基化酶 1（lys-specific demethylase 1，LSD1）的同源分子，而 FEV（MSI4）是人视网膜母细胞瘤相关蛋白 46/48（retinoblastoma-associated protein 46/48，RbAp46/48）的同源分子，二者参与 *FLC* 的表达调控。FLD 的 N 端区域能够与 AtHDA6 的 C 端区域相互作用（Yu et al.，2011）。*AtHDA6* 突变体 *axe1-5* 和（或）*fld-6* 突变体植株显示出晚花表型（Yu et al.，2011）。在这些突变体中，开花相关基因如 *FLC*、*MAF4*（MADS affecting flowering 4）和 *MAF5* 的表达上调，这些基因第一个外显子组蛋白 H3 的乙酰化水平也上调（Yu et al.，2011）。最近研究显示，FVE 与 FLC 能够直接相互作用，通过与 AtHDA6 形成复合物来抑制 *FLC* 的表达（Gu et al.，2011）。*FVE* 突变提高了 *FLC* 位点的乙酰化水平（He et al.，2003）。因此，为了控制开花时间，HDAC 可能与其他蛋白质（如 LSD 和 FVE）形成复合物，被带到参与花发育的靶基因（如 *FLC*）上，引起靶基因位点的去乙酰化，进而抑制靶基因的表达。在玉米中，RPD3 类型的组蛋白去乙酰化酶基因 *ZmHDA101* 的过量表达和反义抑制表达均会引起转基因玉米生长缓慢和晚花，以及成年转基因植株花序形态改变、花药开裂和育性降低（Rossi et al.，2007）。这些表型异常可能与营养发育向生殖发育过渡过程出现缺陷有关。事实上，在这些转基因植株中，参与这一过渡控制的一些基因如 *LG2*（liguleless 2）、*KN1*（knotted 1）和 *RS2*（rough sheath 2）的表达受到干扰（Rossi et al.，2007）。据最近报道，HD2 类型的组蛋白去乙酰化酶基因 *OsHDT1* 在杂交水稻中的过量表达引起开花提前，这种现象很可能是由于 OsHDT1 抑制了开花抑制因子 *Hd1*（heading date 1）及其上游激活因子基因 *OsGI*（OsGigantea）的表达引起的（Li et al.，2011）。此外，HDAC 在种子发育过程中也发挥了十分重要的调控作用。例如，反义抑制拟南芥 *AtHD2A* 基因的表达会引起种子败育（Wu et al.，2000b）。水稻 RPD3 类型组蛋白去乙酰化酶 HDA703 也与生殖发育有关。RNAi 介导的 *HDA703* 基因表达下调会抑制花梗的延长和育性（Hu et al.，2009）。以上结果表明，植物从营养生长向生殖发育转变及随后的生殖发育均需要组蛋白去乙酰化酶的存在。

4.5.1.2　营养生长发育

除了生殖发育，*HDAC* 基因也参与植物营养生长和发育的调控。在种子植物胚发育过程中，在胚胎基-顶轴的顶端和基部分别形成茎尖和根尖分生组织。拟南芥 AtHDA19 在整个胚胎发育过程均表达，与转录共抑制因子 TPL-1（topless-1）共同作用确保胚顶部正常发育（Long et al.，2006）。*TPL-1* 发生突变会引起胚的顶部极性转变成第二个基底极性。在 *AtHDA19* 突变体子代中，也观察到了类似现象。HDAC 与叶片的发育有关。在拟南芥中,HD2A 和 HD2B 分别与 AS2(asymmetric leaves 2)或 AS1 联合作用来控制叶片近轴/远轴极性(Ueno et al.,2007)。TSA 处理抑制 HDAC 酶活性后,会引起 microRNA(miR165/166)在幼嫩叶片近轴一侧的异常分布,从而导致 as1 和 as2 突变体植株远轴侧丝状叶的形成(Ueno et al.,2007)。HDAC 与植物根系及根毛发育密切相关(Ueno et al.,2007)。Xu 等(2005)研究发现,TSA 处理拟南芥幼苗,引起根表皮模式形成相关基因 CPC、GL2 和 WER 表达发生变化,导致根毛在非根毛发生部位的形成和发育。通过 HDAC 突变体筛选发现,拟南芥 HDA18 是根表皮细胞模式形成的关键调节基因(Xu et al.,2005)。水稻中的研究显示,HDAC 过量表达不能引起明显的表型改变,而 HDAC(如 OsHDA704、OsHDA710 或 OsHDT702)抑制表达却能产生表型缺陷(Hu et al.,2009)。例如,OsHDA710 表达水平下降能够降低转基因植株的营养生长,OsHDA704 和 OsHDT702 基因表达水平下降会影响植物生长和叶片的形态。在另外一项研究中,OsHDAC1 基因过量表达提高了转基因水稻的生长速率,改变了根和茎的结构(Jang et al.,2003)。这些在水稻和拟南芥中的研究表明,HDAC 是植物生长和发育的重要调控因子。不过,HDAC 在植物发育过程中的作用机制,其作用的靶基因,以及与之相互作用的蛋白质仍有待深入研究。

4.5.2 在胁迫应答反应中的功能

植物在生长和发育过程中会遭受各种各样的非生物(如高盐、冷、热、干旱和重金属)或生物(如病虫害)胁迫。在这些胁迫条件下,组蛋白会发生多种翻译后修饰,如乙酰化(Kim et al.,2010)或甲基化(Feng and Jacobsen,2011)。最近研究表明,组蛋白去乙酰化酶参与盐、干旱、低温和病原体等引起的胁迫应答反应。

4.5.2.1 盐和干旱胁迫

在植物中,拟南芥 HDAC 功能研究得比较深入,尤其是 AtHDA6 和 AtHDA19。拟南芥 AtHDA6 和 AtHDA19 参与脱落酸(ABA)反应和盐胁迫应答反应。AtHDA6 突变体 axe1-5 和 RNAi 植株对 ABA 和盐胁迫超敏感。在这些植株中,ABA 和非生物胁迫应答基因的表达量显著减少,这些胁迫应答基因包括 ABI1(ABA insensitive 1)、ABI2、KAT1(3-keto-acyl-coa thiolase 1)、KAT2、DREB2A(dehydration-responsive element-binding protein 2A)、RD29A(responsive to desiccation 29A)和 RD29B(Chen et al.,2010)。此外,拟南芥 AtHDA19 的 T-DNA 插入突变体(HDA19-1)也对 ABA 和盐胁迫超敏感(Chen and Wu,2010)。在 ABA 存在和盐胁迫条件下,突变体种子的萌发率比野生型低很多;而且,ABA 和非生物胁迫应答基因(如 ABI1、ABI2、KAT1、KAT2 和 RD29B)的表达量显著

下降（Chen and Wu，2010）。在这一胁迫应答反应过程中，AtHDA19 很可能与 AtERF7 和 AtSin3 形成一个复合物来调节 ABA 和胁迫应答基因的表达（Song et al.，2005）。AtERF7 是 ABA 应答反应中的一个转录抑制因子，它能够与 AtSin3 相互作用。AtSin3 与人的共抑制因子同源，能够与 AtHDA19 相互作用。因此，AtERF7 可能通过 AtHDA19 介导的组蛋白去乙酰化来抑制基因的表达。通过 RNAi 方法抑制 AtERF7 的表达，能够提高转基因拟南芥种子在萌发过程中对 ABA 的敏感性（Song et al.，2005），这与 HDA19-1 突变体的表型一致（Chen and Wu，2010）。HD2 蛋白是植物特有的一类组蛋白去乙酰化酶，拟南芥 HD2 亚家族成员 AtHD2C 也参与 ABA 和胁迫应答反应。拟南芥 AtHD2C 基因的过量表达降低了转基因植株对 ABA 的敏感性，提高了转基因植株的耐盐性和抗旱性（Sridha and Wu，2006）。NaCl 处理 20 天后，AtHD2C 转基因植株叶片的存活率为 60%，而野生型植株的叶片存活率仅为 5%。转基因植物抗逆性的增强可能与 ABA 反应中 LEA 基因（如 RD29B 和 RAB18）表达量增加，以及一些胁迫应答基因如 ABI2、ADH1（alcohol dehydrogenase 1）、KAT1、KAT2（K$^+$ inward rectifier）和 SKOR（stelar K$^+$ outward rectifier）表达量减少有关。相反，AtHD2C 的 T-DNA 插入突变体（hd2c-1 和 hd2c-3）在种子萌发过程中对 ABA 和盐胁迫敏感性增强（Luo et al.，2012）。最近研究表明，AtHD2C 能够与组蛋白 H3 结合，并与 AtHDA6 相互作用来调节非生物胁迫应答基因的表达。在 hd2c-1、hda6 和 hd2c-1/hda6 突变体中，ABA 应答基因如 ABI1、ABI2 和 AtERF4 的表达水平均显著提高（Luo et al.，2012）。

4.5.2.2　低温胁迫

HOS15 是一种 WD40-repeat 蛋白，是具有组蛋白去乙酰化作用的蛋白复合物的一个组成部分。拟南芥 hos15 突变提高了组蛋白 H4 的乙酰化水平，增加了 hos15 突变体植株对冻害的敏感性，而不影响突变体植株对盐、ABA 或氧化胁迫的敏感性（Zhu et al.，2008）。目前研究表明，拟南芥组蛋白去乙酰化酶基因 AtHDA6 在低温和冻害应答反应中具有重要的功能（To et al.，2011b）。在这项研究中，低温（2℃）能够诱导 AtHDA6 基因的表达，AtHDA6 突变体（axe1-5）在经过低温适应后对冻害（–18℃）的敏感性要高于野生型。微阵列分析表明，在低温胁迫下，axe1-5 突变植株中许多基因表达异常，这些基因的异常表达可能与突变体对冻害敏感有关。在玉米中，低温胁迫能够提高 HDAC 基因（如 ZmHDAC101、ZmHDAC102、ZmHDAC103、ZmHDAC106、ZmHDAC108 和 ZmHDAC110）的表达水平，并能诱导组蛋白 H3 和 H4 的去乙酰化；组蛋白去乙酰化酶特异性抑制剂 TSA 处理，能够抑制低温胁迫应答基因如 ZmDREB1 和 ZmCOR413 的表达（Hu et al.，2011）。这些研究结果表明，HDAC 在植物低温和冻害胁迫应答反应中具有十分重要的调控作用。

4.5.2.3 生物胁迫

组蛋白去乙酰化酶也参与生物胁迫应答反应。茉莉酸（JA）一般抑制植物生长，促进植物对害虫和病原体作出防御反应。拟南芥 COL1 参与茉莉酸防御反应，并能与 RPD3 类型的组蛋白去乙酰化酶 AtHDAC6 相互作用（Devoto et al.，2002）。在 *AtHDA6* 突变体（*axe1-5*）和 *AtHDA6*-RNAi 植株中，JA 应答基因如 *PDF1.2*、*VSP2*、*JIN1* 和 *ERF1* 的表达水平下降（Wu et al.，2008），暗示 AtHDA6 是 JA 反应的一个调控因子。拟南芥 AtHDA19 也参与病虫害防御反应。病虫害相关激素（JA 和乙烯）及病原菌甘蓝链格孢菌（*Alternaria brassicicola*）均能诱导 *AtHDA19* 的表达（Zhou et al.，2005）。*AtHDA19* 在拟南芥中过量表达能够诱导防御反应关键基因 *ERF1*（ethylene response factor 1）的表达，并提高转基因植株对甘蓝链格孢菌的抗病性。在 *AtHDA19* 过量表达转基因植株中，病害相关基因如碱性几丁质酶（basic chitinase）和葡聚糖酶（β-1-3-glucanase）基因的表达水平上调；而在 *AtHDA19*-RNAi 植株中，这些基因的表达水平下调（Zhou et al.，2005）。此外，细菌病原菌丁香假单胞菌（*Pseudomonas syringae*）也能诱导拟南芥 *AtHDA19* 基因的表达。Kim 等（2008）研究表明，*AtHDA19* 在拟南芥中过量表达提高了转基因植株对丁香假单胞菌（pv tomato strain DC3000，PstDC3000）的抗病性。此研究还发现，AtHDA19 能够与植物抗病负调控因子 WRKY38 和 WRKY62 相互作用，并降低它们作为转录活化因子的活性。这些研究表明，HDAC 在病原菌防御反应中是必不可少的。

在玉米中，HDAC 参与植物-病害互作反应，对于植物抗病性必不可少。当暴露于致病丝状真菌 *C. carbonum* 时，体外（Brosch et al.，1995）和体内（Ransom and Walton，1997）实验均显示，感病型玉米（hm/hm）HDAC 酶活性受到抑制，而抗病型玉米（Hm/Hm）HDAC 酶活性却未受到抑制。进一步的研究发现，真菌 *C. carbonum* 可以产生 HDAC 抑制剂（即 HC 毒素），能够抑制敏感型玉米（hm/hm）HDAC 的活性。而抗病型玉米（Hm/Hm）体内可以表达 *Hm* 基因，*Hm* 基因编码一个依赖 NADPH 的羰基还原酶（carbonyl reductase），该酶能解除 HC 的毒性，保护 HDAC 不受抑制（Ransom and Walton，1997）。在敏感型玉米中，由于 HDAC 酶活性受到抑制，组蛋白 H3 和 H4 乙酰化水平较高，一些病害防御基因的表达受到影响，进而引起疾病症状（Ransom and Walton，1997）。尽管上述研究显示 HDAC 在病原菌防御反应中发挥正调控作用，而在某些情况下 HDAC 似乎发挥负调控作用。例如，在 Choi 等（2012）研究中，*AtHDA19* 突变引起 SA 的积累，诱导防御反应标志基因 *PR1*（pathogenesis-related protein 1）和 *PR2* 的表达，提高了突变体植株对丁香假单胞菌（PstDC3000）的抗病性。在 Choi 的实验中，丁香假单胞菌接种的浓度是 Kim 等（2008）研究中的 10 倍，这意味着 AtHDA19 在丁香假单胞菌抗病性中的作用（正调控或负调控）可能与病原菌的侵染浓度有关。拟南芥 SIR2

类型的组蛋白去乙酰化酶 AtSRT2 对于丁香假单胞菌（PstDC3000）抗病性也具有负调控作用。AtSRT2 过量表达降低了转基因植株对 PstDC3000 病害的抗性，而敲除 AtSRT2 可以提高植株对病害的抗性（Wang et al.，2010）。AtSRT2 可能通过抑制 SA 的生物合成降低了植株对 PstDC3000 的抗性。总之，在病害防御反应中，HDAC 家族不同成员扮演着不同的角色，具有正调控或负调控作用。HDAC 在病害防御反应中的作用机制仍有待进一步研究。

4.5.3　在基因沉默中的功能

　　HDAC 与基因沉默有关。拟南芥 AtHDA6 能够介导转基因、转座因子和 rRNA 的沉默。在真核生物中，rRNA 基因在核仁组织区（NOR）通过首尾连接的方式重复，每个 rRNA 基因都可以转录产生一个 45S rRNA 前体的初级转录物。在拟南芥中，AtHDA6 突变导致核仁组织区由异染色质向常染色质转变，引起组蛋白 H4 高度乙酰化，组蛋白 H3 上第 4 位赖氨酸残基高度甲基化（H3K4met），以及 DNA 低甲基化（Probst et al.，2004）。RNAi 介导的 AtHDA6 表达抑制也会引起核仁组织区由异染色质向常染色质转变，以及 rRNA 基因沉默的解除（Earley et al.，2006）。这种 rRNA 基因沉默解除还伴随着表观遗传变化，包括启动子区胞嘧啶甲基化去除及组蛋白修饰的变化，如 H3 第 9 位赖氨酸（H3K9）二甲基化被组蛋白 H3 第 3 位赖氨酸（H3K3）三甲基化、第 9 位赖氨酸（H3K9）乙酰化、第 14 位赖氨酸（H3K14）乙酰化和组蛋白 H4 四乙酰化所取代（Earley et al.，2006）。最近，突变体研究揭示了拟南芥 AtHDA6 调控 rRNA 基因沉默的详细机制（Earley et al.，2010）。在拟南芥中，rRNA 基因重复序列被基因间隔区（IGS）分开，IGS 包含多个调控元件，AtHDA6 的主要作用是抑制 RNA 聚合酶 II 转录通过 IGS，进而维持 rRNA 基因沉默（Earley et al.，2010）。在 AtHDA6 突变体中，RNA 聚合酶 II（Pol II）介导的 IGS 转录水平提高，IGS 双向转录产物形成 dsRNA 片段，而 dsRNA 片段经特异性酶切后产生大量的 IGS siRNA（Earley et al.，2010）。这些过剩的 IGS siRNA 促使相应基因 DNA 分子上的胞嘧啶发生从头甲基化，而原有的 CpG 和 CpHpG 区域的 DNA 甲基化减少（Earley et al.，2010）。因此，在 AtHDA6 基因突体中，IGS 转录、胞嘧啶甲基化去除和 HDAC 酶活性缺失这三者破坏了发育过程中 rRNA 基因沉默需要的组蛋白调控。

　　1940 年，Barbara McClintock 首次在玉米中发现转座因子（TE）成分。TE 沉默可能受组蛋白乙酰化、组蛋白甲基化和 DNA 甲基化的联合控制。AtHDA6 参与 RNA 介导的 DNA 甲基化（RdDM）过程，以维持 TE 和重复序列沉默。拟南芥 FVE 和 MSI5 是动物 RbAp46/48 蛋白的同源分子，参与 RdDM 作用位点如 AtSN1、AtMu1、FWA 和 IG/LINE 的沉默（Gu et al.，2011）。FVE 和 MSI5 能够与 AtHDA6 形成复合物，与靶位点相互作用，引起这些靶位点组蛋白去乙酰化和转录沉默。

另外，FVE 和 MSI5 对于靶位点 CpHpH 从头甲基化和 CpHpG 甲基化维持是必不可少的。AtHDA6 酶失活或 FVE/MSI5 功能丧失均能导致 *AtSN1*、*AtMu1*、*FWA* 和 *IG/LINE* 这 4 个靶位点再次被激活（Gu et al.，2011）。因此，组蛋白去乙酰化和胞嘧啶甲基化对于 TE 和重复序列沉默非常重要。除此之外，最近一项研究表明 AtHDA6 能够与甲基转移酶 MET1 相互作用，通过组蛋白乙酰化、组蛋白甲基化和 DNA 甲基化来实现 TE 沉默（Liu et al.，2011）。在 *AtHDA6* 突变体（*axe1-5*）中，TE 转录被激活，并伴随着组蛋白 H3 和 H4 乙酰化水平升高，H3K4Me3 和 H3K4Me2 组蛋白甲基化水平提高，以及转座子部位 DNA 甲基化水平降低（Liu et al.，2011）。

4.5.4 其他功能

除了参与生长发育、胁迫应答反应和基因沉默，HDAC 还参与其他生命过程如细胞死亡和细胞周期调控。在水稻中，SIR2 类型的组蛋白去乙酰化酶基因 *OsSRT1* 表达水平下降会诱导 DNA 片段化和细胞死亡（Huang et al.，2007）。微阵列分析显示，许多参与敏感反应和细胞凋亡的基因被诱导表达。在烟草中，组蛋白去乙酰化酶 NtHD2b 和 NtHD2a 作为负调控因子参与激发子隐地蛋白（elicitor cryptogein）引起的细胞死亡的调控（Bourque et al.，2011）。但是，烟草 HD2 蛋白调节细胞死亡的机制还不清楚。除了细胞死亡，HDAC 还参与细胞周期的调控。例如，在哺乳动物细胞中，老鼠 *HD1* 的过量表达能够降低细胞生长速率，导致细胞周期停滞在 G2/M 阶段（Bartl et al.，1997）。在植物中，HDAC 也与细胞周期有关。玉米 RPD3 类型的组蛋白去乙酰化酶 ZmHDA101、ZmHDA102 和 ZmHDA108 能够与 ZmRBR1 相互作用，而 ZmRBR1 是细胞周期 G1 期向 S 期过渡的关键调节因子（Varotto et al.，2003）。ZmHDA101 与 ZmRBR1 的相互作用能够抑制烟草原生质体基因转录（Rossi et al.，2003）。可见，组蛋白去乙酰化酶很可能作用于细胞周期相关基因位点，从而调节这些基因的转录（de Veylder et al.，2007）。此外，玉米 *ZmHDA108* 基因只有当分生组织细胞进入细胞周期 S 期时才开始表达（Lechner et al.，2000），暗示一些 HDAC 是在细胞周期的特定阶段发挥作用。

4.6 总　　结

组蛋白乙酰化与组蛋白甲基化、DNA 甲基化共同作用实现基因转录的调控。HDAC 通常结合在靶基因上，调节该基因位点染色质的结构，进而调节该基因的转录。到目前为止，植物 HDAC 的研究仍处于初级阶段，HDAC 上游的调节因子、下游作用的靶基因，以及基因调控网络仍有待研究。这些领域的研究对于了解

HDAC 调节植物生长发育和胁迫应答反应的分子机制具有重要意义。研究 HDAC 家族成员在生长发育和胁迫应答反应中的功能，不仅对于基础理论研究，而且对于育种实践都具有重要意义。

参 考 文 献

Alinsug M V, Chen F F, Luo M, et al. 2012. Subcellular localization of class II HDAs in *Arabidopsis thaliana*: nucleocytoplasmic shuttling of HDA15 is driven by light. PLoS One, 7: e30846

Bartl S, Taplick J, Lagger G, et al. 1997. Identification of mouse histone deacetylase 1 as a growth factor-inducible gene. Mol Cell Biol, 17: 5033-5043

Bourque S, Dutartre A, Hammoudi V, et al. 2011. Type-2 histone deacetylases as new regulators of elicitor-induced cell death in plants. The New Phytologist, 192: 127-139

Brosch G, Georgieva E I, Lopez-Rodas G, et al. 1992. Specificity of *Zea mays* histone deacetylase is regulated by phosphorylation. J Biol Chem, 267: 20561-20564

Brosch G, Goralik-Schramel M, Loidl P. 1996. Purification of histone deacetylase HD1-A of germinating maize embryos. FEBS Letters, 393: 287-291

Brosch G, Ransom R, Lechner T, et al. 1995. Inhibition of maize histone deacetylases by HC toxin, the host-selective toxin of *Cochliobolus carbonum*. Plant Cell, 7: 1941-1950

Busconi M, Reggi S, Fogher C, et al. 2009. Evidence of a sirtuin gene family in grapevine (*Vitis vinifera* L.). Plant Physiol Biochem, 47: 650-652

Chen L T, Luo M, Wang Y Y, et al. 2010. Involvement of *Arabidopsis* histone deacetylase HDA6 in ABA and salt stress response. J Exp Bot, 61: 3345-3353

Chen L T, Wu K. 2010. Role of histone deacetylases HDA6 and HDA19 in ABA and abiotic stress response. Plant Signal Behav, 5: 1318-1320

Chen Z J, Tian L. 2007. Roles of dynamic and reversible histone acetylation in plant development and polyploidy. Biochim Biophys Acta, 1769: 295-307

Choi S M, Song H R, Han S K, et al. 2012. HDA19 is required for the repression of salicylic acid biosynthesis and salicylic acid-mediated defense responses in *Arabidopsis*. Plant J, 71(1): 135-146

Choudhary C, Kumar C, Gnad F, et al. 2009. Lysine acetylation targets protein complexes and co-regulates major cellular functions. Science, 325: 834-840

Chung P J, Kim Y S, Park S H, et al. 2009. Subcellular localization of rice histone deacetylases in organelles. FEBS Letters, 583: 2249-2254

Clemente S, Franco L, Lopez-Rodas G. 2001. Distinct site specificity of two pea histone deacetylase complexes. Biochemistry, 40: 10671-10676

Dangl M, Brosch G, Haas H, et al. 2001. Comparative analysis of HD2 type histone deacetylases in higher plants. Planta, 213: 280-285

de Ruijter A J, van Gennip A H, Caron H N, et al. 2003. Histone deacetylases (HDACs): characterization of the classical HDAC family. The Biochemical Journal, 370: 737-749

de Veylder L, Beeckman T, Inze D. 2007. The ins and outs of the plant cell cycle. Nature Reviews Molecular Cell Biology, 8: 655-665

Demetriou K, Kapazoglou A, Tondelli A, et al. 2009. Epigenetic chromatin modifiers in barley: I. Cloning, mapping and expression analysis of the plant specific HD2 family of histone deacetylases from barley, during seed development and after hormonal treatment. Physiol Plant,

136: 358-368

Denu J M. 2005. The Sir 2 family of protein deacetylases. Current Opinion in Chemical Biology, 9: 431-440

Devoto A, Nieto-Rostro M, Xie D, et al. 2002. COI1 links jasmonate signalling and fertility to the SCF ubiquitin-ligase complex in *Arabidopsis*. The Plant Journal: for Cell and Molecular Biology, 32: 457-466

Earley K, Lawrence R J, Pontes O, et al. 2006. Erasure of histone acetylation by *Arabidopsis* HDA6 mediates large-scale gene silencing in nucleolar dominance. Genes Dev, 20: 1283-1293

Earley K W, Pontvianne F, Wierzbicki A T, et al. 2010. Mechanisms of HDA6-mediated rRNA gene silencing: suppression of intergenic Pol II transcription and differential effects on maintenance versus siRNA-directed cytosine methylation. Genes Dev, 24: 1119-1132

Feng S, Jacobsen S E. 2011. Epigenetic modifications in plants: an evolutionary perspective. Curr Opin Plant Biol, 14: 179-186

Finkemeier I, Laxa M, Miguet L, et al. 2011. Proteins of diverse function and subcellular location are lysine acetylated in *Arabidopsis*. Plant Physiol, 155: 1779-1790

Fong P M, Tian L, Chen Z J. 2006. *Arabidopsis thaliana* histone deacetylase 1 (AtHD1) is localized in euchromatic regions and demonstrates histone deacetylase activity *in vitro*. Cell Res, 16: 479-488

Frye R A. 2000. Phylogenetic classification of prokaryotic and eukaryotic Sir2-like proteins. Biochem Biophys Res Commun, 273: 793-798

Fu W, Wu K, Duan J. 2007. Sequence and expression analysis of histone deacetylases in rice. Biochem Biophys Res Commun, 356: 843-850

Gonzalez D, Bowen A J, Carroll T S, et al. 2007. The transcription corepressor LEUNIG interacts with the histone deacetylase HDA19 and mediator components MED14 (SWP) and CDK8 (HEN3) to repress transcription. Mol Cell Biol, 27: 5306-5315

Grabher A, Brosch G, Sendra R, et al. 1994. Subcellular location of enzymes involved in core histone acetylation. Biochemistry, 33: 14887-14895

Gregoretti I V, Lee Y M, Goodson H V. 2004. Molecular evolution of the histone deacetylase family: functional implications of phylogenetic analysis. J Mol Biol, 338: 17-31

Grubisha O, Smith B C, Denu J M. 2005. Small molecule regulation of Sir2 protein deacetylases. The FEBS Journal, 272: 4607-4616

Gu X, Jiang D, Yang W, et al. 2011. *Arabidopsis* homologs of retinoblastoma-associated protein 46/48 associate with a histone deacetylase to act redundantly in chromatin silencing. PLoS Genet, 7: e1002366

He Y, Michaels S D, Amasino R M. 2003. Regulation of flowering time by histone acetylation in *Arabidopsis*. Science, 302: 1751-1754

Hollender C, Liu Z. 2008. Histone deacetylase genes in *Arabidopsis* development. J Integr Plant Biol, 50: 875-885

Hu Y, Qin F, Huang L, et al. 2009. Rice histone deacetylase genes display specific expression patterns and developmental functions. Biochemical and Biophysical Research Communications, 388: 266-271

Hu Y, Zhang L, Zhao L, et al. 2011. Trichostatin A selectively suppresses the cold-induced transcription of the ZmDREB1 gene in maize. PLoS One, 6: e22132

Huang L, Sun Q, Qin F, et al. 2007. Down-regulation of a SILENT INFORMATION REGULATOR2-related histone deacetylase gene, OsSRT1, induces DNA fragmentation and cell death in rice. Plant Physiol, 144: 1508-1519

Jang I C, Pahk Y M, Song S I, et al. 2003. Structure and expression of the rice class- I type histone deacetylase genes OsHDAC1-3: OsHDAC1 overexpression in transgenic plants leads to increased growth rate and altered architecture. Plant J, 33: 531-541

Johnson C A, Turner B M. 1999. Histone deacetylases: complex transducers of nuclear signals. Semin Cell Dev Biol, 10: 179-188

Kim J M, To T K, Nishioka T, et al. 2010. Chromatin regulation functions in plant abiotic stress responses. Plant Cell Environ, 33: 604-611

Kim K C, Lai Z, Fan B, et al. 2008. *Arabidopsis* WRKY38 and WRKY62 transcription factors interact with histone deacetylase 19 in basal defense. Plant Cell, 20: 2357-2371

Kolle D, Brosch G, Lechner T, et al. 1999. Different types of maize histone deacetylases are distinguished by a highly complex substrate and site specificity. Biochemistry, 38: 6769-6773

Lagace M, Chantha S C, Major G, et al. 2003. Fertilization induces strong accumulation of a histone deacetylase (HD2) and of other chromatin-remodeling proteins in restricted areas of the ovules. Plant Mol Biol, 53: 759-769

Lechner T, Lusser A, Pipal A, et al. 2000. RPD3-type histone deacetylases in maize embryos. Biochemistry, 39: 1683-1692

Li C, Huang L, Xu C, et al. 2011. Altered levels of histone deacetylase OsHDT1 affect differential gene expression patterns in hybrid rice. PLoS One, 6: e21789

Liu X, Yu C W, Duan J, et al. 2011. HDA6 directly interacts with DNA methyltransferase MET1 and maintains transposable elements silencing in *Arabidopsis*. Plant Physiol, 158(1): 119-129

Liu X, Yu C W, Duan J, et al. 2012. HDA6 directly interacts with DNA methyltransferase MET1 and maintains transposable element silencing in *Arabidopsis*. Plant Physiol, 158: 119-129

Long J A, Ohno C, Smith Z R, et al. 2006. TOPLESS regulates apical embryonic fate in *Arabidopsis*. Science, 312: 1520-1523

Lopez-Rodas G, Georgieva E I, Sendra R, et al. 1991. Histone acetylation in *Zea mays*. Ⅰ. Activities of histone acetyltransferases and histone deacetylases. J Biol Chem, 266: 18745-18750

Luo M, Wang Y Y, Liu X, et al. 2012. HD2C interacts with HDA6 and is involved in ABA and salt stress response in *Arabidopsis*. J Exp Bot, 63(63): 3297-3306

Lusser A, Brosch G, Loidl A, et al. 1997. Identification of maize histone deacetylase HD2 as an acidic nucleolar phosphoprotein. Science, 277: 88-91

Ma X, Ezzeldin H H, Diasio R B. 2009. Histone deacetylase inhibitors: current status and overview of recent clinical trials. Drugs, 69: 1911-1934

Pandey R, Muller A, Napoli C A, et al. 2002. Analysis of histone acetyltransferase and histone deacetylase families of *Arabidopsis thaliana* suggests functional diversification of chromatin modification among multicellular eukaryotes. Nucleic Acids Research, 30: 5036-5055

Pipal A, Goralik-Schramel M, Lusser A, et al. 2003. Regulation and processing of maize histone deacetylase Hda1 by limited proteolysis. Plant Cell, 15: 1904-1917

Probst A V, Fagard M, Proux F, et al. 2004. *Arabidopsis* histone deacetylase HDA6 is required for maintenance of transcriptional gene silencing and determines nuclear organization of rDNA repeats. Plant Cell, 16: 1021-1034

Ransom R F, Walton J D. 1997. Histone hyperacetylation in maize in response to treatment with HC-Toxin or infection by the filamentous fungus *Cochliobolus carbonum*. Plant Physiol, 115: 1021-1027

Rossi V, Hartings H, Motto M. 1998. Identification and characterisation of an RPD3 homologue from maize (*Zea mays* L.) that is able to complement an rpd3 null mutant of *Saccharomyces cerevisiae*. Molecular & General Genetics: MGG, 258: 288-296

Rossi V, Locatelli S, Lanzanova C, et al. 2003. A maize histone deacetylase and retinoblastoma-related protein physically interact and cooperate in repressing gene transcription.

Plant Mol Biol, 51: 401-413

Rossi V, Locatelli S, Varotto S, et al. 2007. Maize histone deacetylase hda101 is involved in plant development, gene transcription, and sequence-specific modulation of histone modification of genes and repeats. Plant Cell, 19: 1145-1162

Sendra R, Rodrigo I, Salvador M L, et al. 1988. Characterization of pea histone deacetylases. Plant Molecular Biology, 11: 857-866

Sengupta N, Seto E. 2004. Regulation of histone deacetylase activities. Journal of Cellular Biochemistry, 93: 57-67

Song C P, Agarwal M, Ohta M, et al. 2005. Role of an *Arabidopsis* AP2/EREBP-type transcriptional repressor in abscisic acid and drought stress responses. Plant Cell, 17: 2384-2396

Song Y, Wu K, Dhaubhadel S, et al. 2010. *Arabidopsis* DNA methyltransferase AtDNMT2 associates with histone deacetylase AtHD2s activity. Biochem Biophys Res Commun, 396: 187-192

Sridha S, Wu K. 2006. Identification of AtHD2C as a novel regulator of abscisic acid responses in *Arabidopsis*. Plant J, 46: 124-133

Taunton J, Hassig C A, Schreiber S L. 1996. A mammalian histone deacetylase related to the yeast transcriptional regulator Rpd3p. Science, 272: 408-411

Thiagalingam S, Cheng K H, Lee H J, et al. 2003. Histone deacetylases: unique players in shaping the epigenetic histone code. Annals of the New York Academy of Sciences, 983: 84-100

Tian L, Chen Z J. 2001. Blocking histone deacetylation in *Arabidopsis* induces pleiotropic effects on plant gene regulation and development. Proc Natl Acad Sci USA, 98: 200-205

To T K, Kim J M, Matsui A, et al. 2011a. *Arabidopsis* HDA6 regulates locus-directed heterochromatin silencing in cooperation with MET1. PLoS Genet, 7: e1002055

To T K, Nakaminami K, Kim J M, et al. 2011b. *Arabidopsis* HDA6 is required for freezing tolerance. Biochem Biophys Res Commun, 406: 414-419

Tran H T, Nimick M, Uhrig G, et al. 2012. *Arabidopsis thaliana* histone deacetylase 14 (Hda14) is an alpha-tubulin deacetylase that associates with Pp2a and enriches in the microtubule fraction with the putative histone acetyltransferase Elp3. Plant J, 71(2): 263-272

Ueno Y, Ishikawa T, Watanabe K, et al. 2007. Histone deacetylases and ASYMMETRIC LEAVES2 are involved in the establishment of polarity in leaves of *Arabidopsis*. Plant Cell, 19: 445-457

Varotto S, Locatelli S, Canova S, et al. 2003. Expression profile and cellular localization of maize Rpd3-type histone deacetylases during plant development. Plant Physiol, 133: 606-617

Wang A, Kurdistani S K, Grunstein M. 2002. Requirement of Hos2 histone deacetylase for gene activity in yeast. Science, 298: 1412-1414

Wang C, Gao F, Wu J, et al. 2010. Arabidopsis putative deacetylase AtSRT2 regulates basal defense by suppressing PAD4, EDS5 and SID2 expression. Plant & Cell Physiology, 51: 1291-1299

Wu K, Malik K, Tian L, et al. 2000a. Functional analysis of a RPD3 histone deacetylase homologue in *Arabidopsis thaliana*. Plant Molecular Biology, 44: 167-176

Wu K, Tian L, Malik K, et al. 2000b. Functional analysis of HD2 histone deacetylase homologues in *Arabidopsis thaliana*. Plant J, 22: 19-27

Wu K, Zhang L, Zhou C, et al. 2008. HDA6 is required for jasmonate response, senescence and flowering in *Arabidopsis*. J Exp Bot, 59: 225-234

Wu X, Oh M H, Schwarz E M, et al. 2011. Lysine acetylation is a widespread protein modification for diverse proteins in *Arabidopsis*. Plant Physiol, 155: 1769-1778

Xu C R, Liu C, Wang Y L, et al. 2005. Histone acetylation affects expression of cellular patterning genes in the *Arabidopsis* root epidermis. Proc Natl Acad Sci USA, 102: 14469-14474

Yu C W, Liu X, Luo M, et al. 2011. HISTONE DEACETYLASE6 interacts with FLOWERING LOCUS D and regulates flowering in *Arabidopsis*. Plant Physiol, 156: 173-184

Zhou C, Labbe H, Sridha S, et al. 2004. Expression and function of HD2-type histone deacetylases in *Arabidopsis* development. Plant J, 38: 715-724

Zhou C, Zhang L, Duan J, et al. 2005. HISTONE DEACETYLASE19 is involved in jasmonic acid and ethylene signaling of pathogen response in *Arabidopsis*. Plant Cell, 17: 1196-1204

Zhu J, Jeong J C, Zhu Y, et al. 2008. Involvement of *Arabidopsis* HOS15 in histone deacetylation and cold tolerance. Proc Natl Acad Sci USA, 105: 4945-4950

第 5 章　毛果杨组蛋白去乙酰化酶

5.1　毛果杨 HDAC 的序列分析

组蛋白去乙酰化酶（HDAC）是一个基因超家族，在真核生物包括酵母、真菌、动物、植物及人类中广泛存在。1988 年，首次在植物豌豆中发现组蛋白去乙酰化酶的存在（Sendra et al., 1988）。直到最近十几年，植物 HDAC 的研究才开始受到重视，相关研究也逐渐增多，HDAC 蛋白和基因在多种植物中得到克隆和鉴定。目前，HDAC 的功能研究主要集中在玉米、拟南芥、水稻等草本植物上，而对木本植物 HDAC 的基因结构和功能了解甚少。本研究以毛果杨（*Populus trichocarpa* Torr. & Gray）基因组信息为基础，对毛果杨 HDAC 家族成员的系统进化、理化性质、磷酸化位点、亲/疏水性、跨膜区、二级结构、结构域、亚细胞定位及三级结构进行了分析和预测。全面分析 HDAC 序列可以为其功能研究提供有用的参考信息和理论依据。

5.1.1　系统进化树构建

利用 Clustal W 程序对毛果杨、拟南芥和水稻 HDAC 家族蛋白进行氨基酸序列比对，并利用 MEGA5.0 软件对这些序列进行系统进化树的构建。结果表明，毛果杨、拟南芥和水稻的 HDAC 家族蛋白可分为 3 个亚家族，即 RPD3/HDA1、HD2 和 SIR2 亚家族（图 5-1），这 3 个亚家族的基因分别命名为 *HDA*、*HDT* 和 *SRT*（http://www.chromdb.org/）。毛果杨 RPD3/HDA1 亚家族有 11 个成员，包括 *HDA901*、*HDA902*、*HDA903*、*HDA904*、*HDA905*、*HDA906*、*HDA907*、*HDA908*、*HDA909*、*HDA910* 和 *HDA912*；HD2 亚家族有 3 个成员，包括 *HDT901*、*HDT902* 和 *HDT903*；SIR2 亚家族有 2 个成员，包括 *SRT901* 和 *SRT902*。系统进化树分析显示，毛果杨 HDAC 与同为双子叶植物的拟南芥 HDAC 在同一个进化分支上，亲缘关系比较近。

5.1.2　一级结构与理化性质分析

5.1.2.1　理化性质

利用 ProtParam 在线程序（http://web.expasy.org/protparam/）对毛果杨 HDAC 家族基因编码的蛋白质进行一级结构与理化性质分析（表 5-1）。结果显示，HDAC

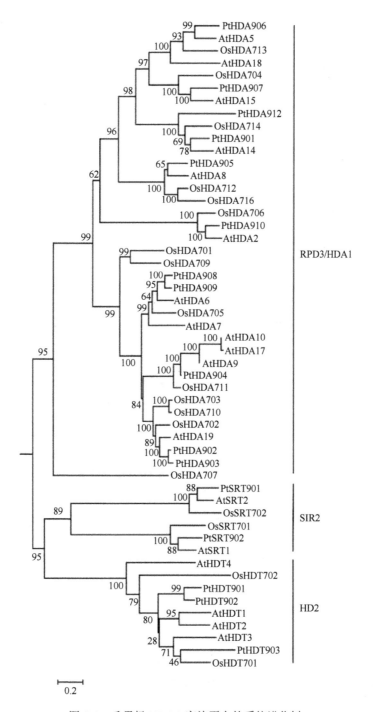

图 5-1　毛果杨 HDAC 家族蛋白的系统进化树

利用 MEGA5.0 软件对来自不同植物的 HDAC 氨基酸序列进行系统进化树分析；分支上的数值表示 Bootstrap 验证中基于 1000 次重复该节点的可信度；标尺表示遗传距离；At. 拟南芥（*Arabidopsis thaliana*）；Os. 水稻（*Oryza sativa*）；Pt. 毛果杨（*Populus trichocarpa*）

表 5-1　毛果杨 HDAC 家族蛋白的一级结构和理化性质

蛋白质名称	氨基酸残基数	相对分子质量	等电点	负电氨基酸残基数目	正电氨基酸残基数目	总平均疏水性	不稳定指数
HDA901	414	45 165.1	5.77	47	37	−0.109	38.87 稳定
HDA902	499	56 178.0	5.06	80	52	−0.486	36.59 稳定
HDA903	501	56 130.0	5.26	77	53	−0.485	35.29 稳定
HDA904	430	48 946.1	5.06	67	39	−0.393	25.16 稳定
HDA905	379	41 167.8	5.92	41	30	−0.186	33.20 稳定
HDA906	646	72 329.1	5.53	83	65	−0.298	39.49 稳定
HDA907	592	64 719.8	6.29	70	62	−0.372	41.19 不稳定
HDA908	467	52 331.6	5.36	69	50	−0.521	43.28 不稳定
HDA909	440	49 514.6	5.28	63	43	−0.438	46.63 不稳定
HDA910	347	38 423.9	6.26	42	39	−0.071	41.01 不稳定
HDA912	292	32 589.1	8.77	24	30	0.234	32.52 稳定
HDT901	275	29 660.5	4.71	59	39	−0.930	40.92 不稳定
HDT902	260	28 221.8	4.58	56	35	−1.011	40.86 不稳定
HDT903	271	29 675.7	5.40	47	38	−0.968	46.08 不稳定
SRT901	354	39 011.3	9.16	39	47	−0.309	41.86 不稳定
SRT902	464	52 670.1	8.94	52	63	−0.144	41.57 不稳定

注：总平均疏水性是指蛋白质序列所有氨基酸残基疏水性的平均值，该值说明蛋白质的溶解性，正值代表疏水，负值代表亲水；不稳定指数用于描述蛋白质一级结构的稳定性，若此值超过 40 则为不稳定蛋白

家族蛋白氨基酸残基数为 260~646。RPD3/HDA1 亚家族的 11 个蛋白质中，除 HDA912 等电点为 8.77，呈碱性外，其他 10 个家族蛋白的等电点均为 5.06~6.29，呈酸性。HDA912 总平均疏水性（GRAVY）为 0.234，其他 10 个成员总平均疏水性为 −0.521~−0.071，即属于亲水性蛋白。除了 HDA912 带正电外，其他 RPD3/HDA1 亚家族蛋白带负电，即带负电荷氨基酸残基数目多于带正电荷氨基酸残基数目。在 RPD3/HDA1 亚家族的 11 个蛋白中，HDA901、HDA902、HDA903、HDA904、HDA905、HDA906 和 HDA912 是稳定蛋白质，其他成员则属于不稳定蛋白质。HD2 亚家族的 3 个成员具有一致的理化性质，即等电点均在 5.0 左右，呈酸性，均带负电；总平均疏水性在 −1.0 左右，都属于亲水性蛋白；一级结构均不稳定。SIR2 亚家族 2 个成员的理化性质与其他亚家族略有不同，SRT901 与 SRT902 的等电点在 9.0 左右，均呈碱性，带负电荷氨基酸残基数目小于带正电荷氨基酸残基数目，属于亲水性蛋白。总之，HDAC 家族蛋白绝大多数都是亲水性（除 HDA912 外）和酸性（除 HDA912 和 SIR2 亚家族外）蛋白质。

5.1.2.2　磷酸化位点

磷酸化是一种蛋白质翻译后修饰，在细胞信号传递过程中具有十分重要的作用，也是蛋白质活性的一种调节方式。Brosch 等（1992）和 Kolle 等（1999）研

究发现，玉米 HDAC 受磷酸化的调节，磷酸化修饰能够改变 HDAC 的酶活性和底物特异性。磷酸化位点分析结果表明，毛果杨 HDAC 也受磷酸化的调节，毛果杨 HDAC 家族成员在丝氨酸、苏氨酸和酪氨酸上均能发生磷酸化，但磷酸化位点主要发生在丝氨酸残基上（表 5-2）。此外，不同的 HDAC 家族成员具有不同的磷酸化位点数。

表 5-2　毛果杨 HDAC 的磷酸化位点数

蛋白质名称	丝氨酸	苏氨酸	酪氨酸
HDA901	12	8	5
HDA902	13	4	10
HDA903	12	7	9
HDA904	5	2	9
HDA905	2	1	4
HDA906	26	4	8
HDA907	18	5	4
HDA908	8	7	6
HDA909	10	9	9
HDA910	16	3	5
HDA912	3	3	4
HDT901	23	7	0
HDT902	21	6	1
HDT903	13	1	0
SRT901	12	5	2
SRT902	13	3	3

5.1.2.3　亲/疏水性

蛋白质的功能往往是由其三维结构决定的，而氨基酸的亲/疏水性在一定程度上决定了蛋白质的折叠方式，这对蛋白质形成特定的功能具有非常重要的作用，且在维持生物膜的结构等方面具有一定作用。根据蛋白质的氨基酸组成及其所在的位置，可以预测蛋白质可能形成的二级结构。利用 ExPaSy 提供的 ProtScale 在线程序（http://expasy.org/tools/protscale.html），对毛果杨 HDAC 家族所有成员进行了亲/疏水性预测分析。结果显示，HDAC 家族大部分成员的亲/疏水性氨基酸分布较为均匀（图 5-2）。例如，RPD3/HDA1 亚家族的 HDA902 和 SIR2 亚家族的 SRT901，其亲/疏水区域分布较为平均，只是 HDA902 的 N 端亲水，而 SRT901 的 N 端疏水。HDA902 和 SRT901 的中后部均能形成由约 20 个疏水性氨基酸残基组成的跨膜螺旋。而 HD2 亚家族则不同于其他 2 个亚家族，HD2 蛋白多由亲水性氨基酸组成，不能形成跨膜螺旋。HD2 亚家族的 3 个成员 HDT901、

HDT902 和 HDT903 的亲/疏水性分布曲线相似，且都有 3 个主要的亲水区，主要分布在 30～40 及 120～200 区域，多肽链 N 端多是疏水性氨基酸，C 端多是亲水性氨基酸。

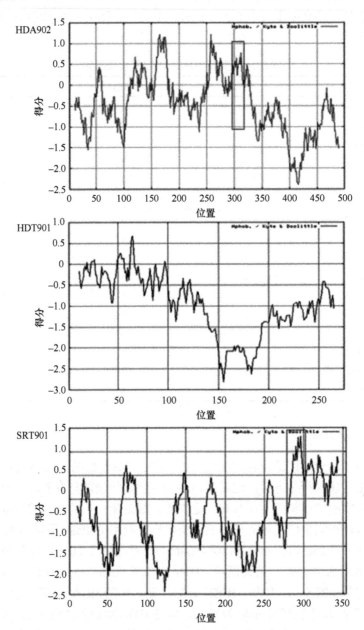

图 5-2　毛果杨 HDAC 的亲/疏水性（彩图请扫封底二维码）

HDA902、HDT901 和 SRT901 分别代表毛果杨 HDAC 家族的 RPD3/HDA1、HD2 和 SIR2 亚家族蛋白；
红色方框代表疏水性氨基酸残基组成的有意义的跨膜螺旋

5.1.3　跨膜区和二级结构分析

5.1.3.1　跨膜区

　　跨膜区是转运蛋白行使底物结合等功能的重要结构，跨膜区分析在推断该蛋白质在细胞中的功能及作用位点等方面具有重要参考意义。利用 TMpred 在线分析程序（http://www.ch.embnet.org/software/TMPRED_form.html）对毛果杨 HDAC 家族蛋白进行了跨膜分析。结果显示，RPD3/HDA1 亚家族的 11 个成员中，除 HDA904 外，其他 10 个蛋白质都有不同数目的跨膜螺旋和跨膜方向，且都有一定数目的有意义的跨膜螺旋（表 5-3）。HD2 亚家族的 3 个蛋白质比较特殊，均没有跨膜螺旋，这可能与其在细胞中的分布有关。SIR2 亚家族蛋白的跨膜区与 RPD3/HDA1 亚家族基本一致，即有一定数目的跨膜螺旋和跨膜方向。总体而言，HDAC 家族蛋白存在有意义的跨膜区，但数目不多（2～4 个）。

表 5-3　毛果杨 HDAC 的跨膜区

蛋白质名称	由膜内到膜外跨膜螺旋个数	由膜外到膜内跨膜螺旋个数	有意义的跨膜螺旋数	首选模式
HDA901	3	2	3	N 端膜外
HDA902	3	3	2	N 端膜内
HDA903	3	3	2	N 端膜内
HDA904	1	1	0	无
HDA905	1	2	2	N 端膜内
HDA906	2	4	4	N 端膜外
HDA907	5	5	3	N 端膜外
HDA908	3	3	3	N 端膜内
HDA909	3	3	2	N 端膜外
HDA910	2	2	1	N 端膜内
HDA912	5	5	3	N 端膜外
HDT901	0	0	0	无
HDT902	0	0	0	无
HDT903	0	0	0	无
SRT901	2	3	2	N 端膜内
SRT902	4	3	4	N 端膜外

　　以 HDA902、HDT901 和 SRT901 为例，详细说明 HDAC 不同亚家族蛋白跨膜区的特征（图 5-3）。HDA902 在 114～134、158～176、299～315 区域形成了 3 个膜内到膜外的跨膜螺旋，其中心位置分别为 124、166、307；在 115～133、156～173、296～314 区域形成了 3 个由膜外到膜内的跨膜螺旋，其中心位置分别为 125、165 和 304。跨膜分析得分大于 500 被认为是有意义的跨膜，因而在上述跨膜分析中，只有 299～315 的膜内到膜外和 296～314 的膜外到膜内的分析是有意义的

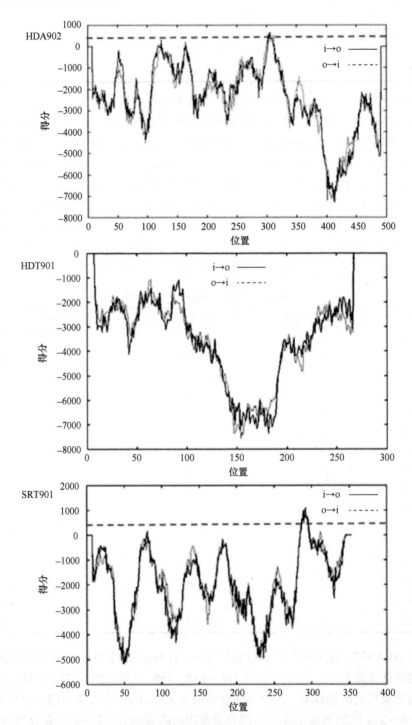

图 5-3 毛果杨 HDAC 家族蛋白的跨膜区（彩图请扫封底二维码）

i→o 为膜内到膜外的跨膜螺旋，o→i 为膜外到膜内的跨膜螺旋。红色虚线所在位置为分数值 500，
跨膜分析得分大于 500 被认为是有意义的跨膜

跨膜。因此认为 HDA902 的跨膜区域在 296~315 处,长度约为 20 个氨基酸。HDT901 没有发现有意义的跨膜区。SRT901 在 72~90 和 283~303 区域可形成 2 个分别以 82 和 293 为中心的由膜内到膜外的跨膜螺旋,在 280~300、305~324 和 338~354 区域可形成 3 个分别以 290、313 和 346 为中心的由膜外到膜内的跨膜螺旋,但有意义的只有 2 处,分别是从 283~303 的膜内到膜外和 280~300 的膜外到膜内的跨膜,且各跨膜区长度在 21 个氨基酸。

5.1.3.2　二级结构

蛋白质的二级结构是指蛋白质主链折叠产生的由氢键维系的有规则的结构。利用 Predict Protein 在线程序(https://www.predictprotein.org/)对 HDAC 家族蛋白的二级结构进行了分析。结果显示,HDAC 家族蛋白二级结构以无规则卷曲(loop)为主(表 5-4)。在 RPD3/HDA1 亚家族的 11 个蛋白质中,除了 HDA912 无规则卷曲比例为 49.66%外,其他 10 个蛋白质无规则卷曲比例都在 50%以上,β-折叠大约在 10%,其余为 α-螺旋。HD2 作为植物特有的一类组蛋白去乙酰化酶,在二级结构上明显不同于其他 2 个亚家族成员。毛果杨 HD2 亚家族中的 3 个成员 HDT901、HDT902 和 HDT903 均不含有 α-螺旋,只含有 β-折叠和无规则卷曲,其中无规则卷曲比例较高,达 80%左右。SIR2 亚家族蛋白各结构比例由高到低依次为无规则卷曲、α-螺旋和 β-折叠。

表 5-4　毛果杨 HDAC 的二级结构

蛋白质名称	二级结构含量		
	α-螺旋	β-折叠	无规则卷曲
HDA901	32.37	9.9	57.73
HDA902	28.86	8.42	62.73
HDA903	27.35	8.58	64.07
HDA904	33.49	9.53	56.98
HDA905	36.41	12.14	51.45
HDA906	32.35	11.3	56.35
HDA907	28.89	6.59	64.53
HDA908	28.27	9.21	62.53
HDA909	31.14	10	58.86
HDA910	35.73	10.37	53.89
HDA912	40.07	10.27	49.66
HDT901	0	20.36	79.64
HDT902	0	22.69	77.31
HDT903	0	19.56	80.44
SRT901	29.1	9.89	61.02
SRT902	21.34	10.78	67.89

分别以 3 个家族的 HDA902、HDT901 和 SRT901 为例来说明 α-螺旋、β-折叠和无规则卷曲在 HDAC 不同亚家族蛋白质分子中的分布（图 5-4）。RPD3/HDA1亚家族成员的 α-螺旋、β-折叠和无规则卷曲在整个蛋白质分子的各部位均有分布。HD2 蛋白二级结构比较特殊，不含有 α-螺旋，β-折叠位于蛋白质的 N 端，其后为大段的无规则卷曲。SIR2 蛋白与 RPD3/HDA1 亚家族成员类似，其 α-螺旋、β-折叠和无规则卷曲散布于整个蛋白质分子中。

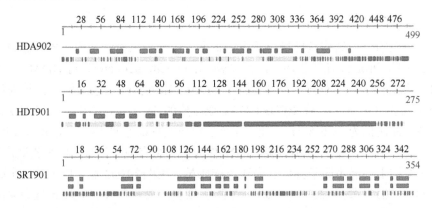

图 5-4　毛果杨 HDAC 家族蛋白的二级结构预测（彩图请扫封底二维码）

第 1 行为氨基酸序列长度，第 2 行为蛋白质的二级结构，第 3 行为蛋白质的溶解可接触性。第 2 行红色代表α-螺旋，蓝色代表β-折叠，其余部分为无规则卷曲；第 3 行蓝色代表暴露于分子之外的部分，黄色代表藏于分子内部的部分

5.1.4　结构域分析

利用 Pfam、CCD、InterPro 和 UniProtKB/TrEMBL 多种数据库，对杨树RPD3/HDA1 类型的组蛋白去乙酰化酶保守结构域进行分析和鉴定。在这 11 个HDAC 蛋白中，每个 HDAC 分子均含有一个保守的 HDAC 结构域（图 5-5）。HDAC结构域的长度是 296～318 个氨基酸，而 HDA912 的 HDAC 结构域较短，仅由 194个氨基酸残基组成。HDA902、HDA903、HDA904、HDA906、HDA908 和 HDA909的 HDAC 结构域位于蛋白质的 N 端，HDA910 和 HDA912 的 HDAC 结构域位于C 端，而 HDA901、HDA905 和 HDA907 的 HDAC 结构域位于其序列的中部。InterPro 程序分析显示，HDA907 除了含有 HDAC 结构域外，在第 116～135 位氨基酸残基处还含有一个锌指结构域。HDAC 结构域的序列比对分析表明，杨树HDAC 结构域的中部更保守，并含有几个保守的氨基酸残基，这些残基很可能是组蛋白去乙酰化酶发挥催化活性必不可少的。

5.1.5　亚细胞定位分析

研究蛋白质的亚细胞定位，对于分析该蛋白质的功能具有重要意义。对玉米、

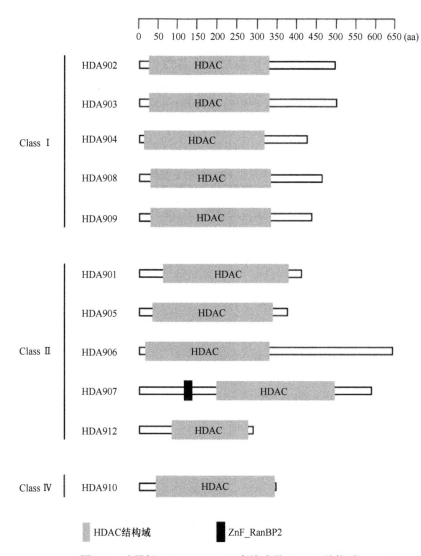

图 5-5　毛果杨 RPD3/HDA1 亚家族成员 HDAC 结构域

aa. amino acid（氨基酸）；毛果杨 RPD3/HDA1 蛋白可分为 3 类，分别为 Class Ⅰ、Class Ⅱ和 Class Ⅳ

拟南芥和水稻等植物的研究表明，RPD3/HDA1 亚家族蛋白定位于细胞核、细胞质或细胞器中（Ma et al.，2013）。利用 WoLF PSORT 在线软件（https://wolfpsort.org/）对毛果杨 HDAC 家族所有成员进行了亚细胞定位分析。结果表明，毛果杨 HDAC 家族蛋白在细胞内分布比较广泛，但主要定位于细胞核中，其次是细胞质和线粒体，有的在叶绿体、过氧化物酶体、液泡、内质网和细胞骨架等部位也有分布（表5-5）。在RPD3/HDA1 亚家族的 11 个蛋白质中，HDA901 和 HDA910主要定位于细胞器中，HDA905、HDA906 和 HDA912 主要定位于细胞质中；HDA904 主要定位于细胞器和细胞质中；其他的 RPD3/HDA1 亚家族成员主要定位于细胞核中。此外，RPD3/HDA1 亚家族蛋白的某些成员在过氧化物酶体、质膜、液泡、内质网、细胞骨架中也有少量分布，或者在细胞器之间穿梭。HDAC 定位于细胞质或细胞器表明除了组蛋白外，其他非组蛋白类的蛋白质也可能是 HDAC 的作用底物。HD2 亚家族的 3 个成员主要定位于细胞核中，只有 HDT901 在线粒体中有少量分布。SIR2 亚家族的 SRT901 主要定位于线粒体中，也穿梭于叶绿体和线粒体之间；而 SRT902 在细胞中定位广泛，主要分布于细胞核、细胞质和叶绿体中。

表 5-5 毛果杨 HDAC 的亚细胞定位

蛋白质名称	细胞核	细胞质	线粒体	叶绿体	过氧化物酶体	质膜	细胞骨架与质膜	液泡	叶绿体与线粒体	内质网	细胞骨架
HDA901			13.5						7.5		
HDA902	8.0	4.0	1.0								
HDA903	7.0	3.0	2.0	1.0							
HDA904	2.0	4.0	4.0		2.0	1.0					
HDA905	1.0	8.0		1.0							3.0
HDA906	2.0	5.0		1.0			2.5	1.0			3.5
HDA907	11.0	2.0									
HDA908	5.0	4.0	1.0	1.0	1.0	1.0					
HDA909	6.0		1.0								
HDA910			2.5	9.5					6.5		
HDA912		8.0	1.0							1.0	1.0
HDT901	12.0		2.0								
HDT902	13.0										
HDT903	14.0										
SRT901		2.0	5.5						3.5		
SRT902	3.0	3.0		4.0		1.0					2.0

5.1.6 三级结构预测

利用在线分析工具 SWISSMODEL 对毛果杨 HDAC 家族蛋白的三级结构进行预测，方法为同源比对建模，取 Blast 之后 E 值（期望值）最小的三级结构进行建模，预测蛋白质的三级结构。结果显示，HDAC 家族 16 种蛋白质的三级结构可分为 6 种类型（图 5-6）。RPD3/HDA1 亚家族中 HDA902、HDA903、HDA904、HDA908 和 HDA909 三级结构相似度较高；HDA901、HDA905、HDA906 和 HDA907 三级结构相似度较高；HDA912 具有独特的结构，不同于其他的在进化上与之相近的蛋白质（如 HDA901、HDA905、HDA906 和 HDA907）；HDA910 与其他 RPD3/HDA1 亚家族蛋白在序列上存在差异，其三级结构也有差异。HD2 亚家族序列在 SWISSMODEL 预测中无三级结构，可能是由于其二级结构缺少 α-

螺旋。SIR2 亚家族共有 2 个成员，2 个成员间序列差异较大，三级结构无相似性。总体而言，HDAC 在三级结构上有共同之处，即主要由 5～8 个同向的 β-折叠排列形成 β-片层结构，外面由 6～9 个 α-螺旋包围；但不同类别的 HDAC 所拥有的 α-螺旋和 β-折叠在数目和空间排布上有所不同。在三级结构上相似度高的 HDAC 家族成员可能具有相近的功能，三级结构明显不同的 HDAC 蛋白在功能上可能存在差别。

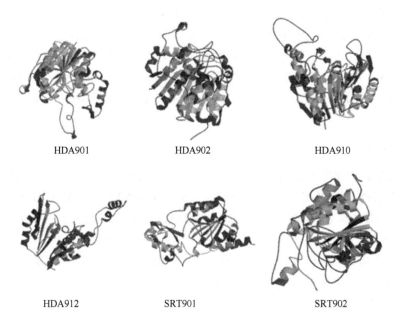

| HDA901 | HDA902 | HDA910 |
| HDA912 | SRT901 | SRT902 |

图 5-6　毛果杨 HDAC 家族蛋白的三级结构预测（彩图请扫封底二维码）

5.1.7　讨论与结论

5.1.7.1　讨论

在众多植物中，拟南芥和水稻 HDAC 家族基因的功能研究相对比较清楚，如拟南芥 *AtHDA6*、*AtHDA19* 和 *AtHD2C* 等。本研究分析了毛果杨 HDAC 家族成员与拟南芥和水稻 HDAC 在系统进化上的关系。结果显示，毛果杨 RPD3/HDA1 亚家族中的 PtHDA902 和 PtHDA903 与拟南芥 AtHDA19 处于一个进化分支，在氨基酸序列上具有很高的同源性，相似性分别达 85% 和 83%。杨树 PtHDA908 和 PtHDA909 与拟南芥 AtHDA6 处于一个进化分支，在氨基酸序列上与拟南芥 AtHDA6 具有很高的同源性，相似性分别达 82% 和 79%。杨树 3 个 HD2 蛋白（PtHDT901、PtHDT902 和 PtHDT903）与拟南芥 AtHDT3 处于一个进化分支。进化途径相似、同源性高预示其可能具有相似的功能。而拟南芥 AtHDA19、AtHDA6、AtHDT3 已经被证明参与生长发育的调节和多种生物和非生物的胁迫应答反应，故推测毛果杨 PtHDA902、PtHDA903、PtHDA908、PtHDA909 和 HD2 亚家族蛋白很可能在杨树生长发育和胁迫应答反应中发挥重要的调节作用。

本研究对毛果杨 HDAC 家族 16 个成员进行了详细、系统的分析后发现，毛果杨 HD2 亚家族蛋白与其他 HDAC 亚家族成员有很大差异。二级结构分析显示，毛果杨 HD2 亚家族 3 个成员均不含 α-螺旋，也不含跨膜螺旋。α-螺旋一般是疏水性氨基酸由于其疏水作用形成的，是跨膜蛋白中跨膜螺旋的主要组成成分。毛果杨 HD2 亚家族蛋白的氨基酸序列富含亲水性氨基酸，不易形成 α-螺旋，而 α-螺旋的缺失导致其跨膜功能的丧失。据此推测，杨树 HD2 亚家族蛋白不是膜蛋白，很可能是可溶性蛋白。亚细胞定位预测和分析表明，毛果杨 HD2 蛋白几乎只在细胞核内分布，与拟南芥和玉米 HD2 蛋白相同（Ma et al., 2013）。HD2 蛋白在氨基酸组成、结构和亚细胞定位上的独特性暗示其生理功能可能不同于其他 HDAC 亚家族成员。

5.1.7.2 结论

采用生物信息学方法对毛果杨 HDAC 家族的 16 种蛋白质进行系统分析，结果显示毛果杨 HDAC 可分为 3 个亚家族，即 RPD3/HDA1、HD2 和 SIR2 亚家族，与拟南芥 HDAC 蛋白的亲缘关系较近。HDAC 家族大多数成员为亲水性蛋白质（HDA912 属于疏水性蛋白），其等电点呈酸性（除了 HDA912 和 SIR2 亚家族）。HDAC 家族蛋白受磷酸化调节，磷酸化位点主要发生在丝氨酸残基上。绝大部分 HDAC 蛋白都有不同数目的跨膜螺旋和不同的跨膜方向，而 HD2 蛋白没有发现跨膜区。二级结构分析显示，RPD3/HDA1 和 SIR2 亚家族成员均含有不同比例的 α-螺旋、β-折叠片和无规则卷曲，其中无规则卷曲比例达到 50% 以上（除了 HDA912）；而 HD2 亚家族成员不含有 α-螺旋，其二级结构主要以无规则卷曲为主，比例高达 80% 左右。HDAC 家族蛋白主要定位于细胞核内，在细胞质、细胞器及其他膜结构中均有分布，而 HD2 蛋白几乎都定位于细胞核内。毛果杨 RPD3/HDA1 类型的组蛋白去乙酰化酶具有保守的 HDAC 结构域。RPD3/HDA1 和 SIR2 亚家族成员的三级结构可分为 6 种类型，预示其生物学功能也可能存在差异。作为植物特有的一类组蛋白去乙酰化酶，毛果杨 HD2 亚家族蛋白在序列和结构等多个方面表现出与其他 2 个亚家族的不同。

5.1.8 材料和方法

从植物染色质因子数据库（http://www.chromdb.org/）获得毛果杨 HDAC 家族 16 个成员的氨基酸序列。利用生物信息学软件、数据库和互联网上的生物信息学程序对毛果杨 HDAC 家族成员的一级结构和理化性质、跨膜域、二级结构、结构域、亚细胞定位和三级结构进行了预测和分析；并且利用 MEGA5.0 软件构建了毛果杨、拟南芥和水稻 HDAC 的系统进化树，分析它们在进化上的亲缘关系。

5.1.8.1　系统进化树的构建

从植物染色质数据库（http://www.chromdb.org/）得到拟南芥、水稻和毛果杨 HDAC 家族成员的氨基酸序列。利用 Clustal W 对 HDAC 家族氨基酸序列进行多重比对，并利用生物学软件 MEGA5.0 对拟南芥、水稻和毛果杨 HDAC 家族成员进行系统进化树的构建。采用遗传距离建树法的相邻连接法（neighbor-joining，NJ）建树，对生成的树进行 1000 次的 Bootstrap（自引导）校正。

5.1.8.2　一级结构和理化性质分析

利用 ExPaSy 提供的 ProtParam 在线程序（http://web.expasy.org/protparam/）对毛果杨 HDAC 家族成员一级结构进行预测分析；利用 ExPaSy 提供的 ProtScale 在线程序（http://expasy.org/tools/protscale.html）对 HDAC 家族蛋白进行蛋白质亲/疏水性分析；利用 NetPhos2.0 在线分析程序（http://www.cbs.dtu.dk/services/NetPhos/）对 HDAC 家族蛋白进行蛋白磷酸化位点分析。

5.1.8.3　跨膜区域预测及二级结构

利用 TMpred 在线程序（http://www.ch.embnet.org/software/TMPRED_form.html）对毛果杨 HDAC 家族蛋白的跨膜区域进行分析；利用 PredictProtein 在线程序（https://www.predictprotein.org/）对 HDAC 家族蛋白的二级结构进行分析，包括对各个家族成员其 α-螺旋（α-helix，H）、β-折叠（β-strand，E）和无规则卷曲（loop，L）进行预测。

5.1.8.4　结构域分析

利用 Pfam（http://pfam.sanger.ac.uk）、CDD（Conserved Domain Database，http://www.ncbi.nlm.nih.gov/Structure/cdd/wrpsb.cgi）、InterPro（http://www.ebi.ac.uk/interpro/）和 UniProtKB/TrEMBL（http://www.uniprot.org/uniprot/）程序分析了毛果杨 RPD3/HDA1 亚家族 11 个成员的保守结构域。

5.1.8.5　亚细胞定位分析及三级结构预测

利用 WoLF PSORT 在线软件（https://wolfpsort.org/）对毛果杨 HDAC 家族蛋白的亚细胞定位进行分析；利用 SWISSMODEL 同源建模服务器（http://swissmodel.expasy.org）对 HDAC 家族蛋白的三级结构进行预测。

5.2　毛果杨 *HDAC* 的表达分析

组蛋白去乙酰化酶（HDAC）催化组蛋白去乙酰化。根据与酵母 HDAC 的序列比较，植物 HDAC 可分为 3 个亚家族：RPD3/HDA1、HDA2 和 SIR2。其中，

RPD3/HDA1 是 HDAC 家族中成员最多的一个亚家族，与酵母 RPD3 和 HDA1 有关。RPD3/HDA1 类型的组蛋白去乙酰化酶活性的发挥需要 Zn^{2+} 的存在，其酶活性可以被 HDAC 特异性抑制剂曲古抑菌素 A（TSA）和丁酸钠所抑制（Hollender and Liu，2008）。

RPD3/HDA1 类型的组蛋白去乙酰化酶是调节植物生长发育和胁迫应答反应的重要酶。*HDAC* 基因的异常表达会导致多种形态和发育上的异常，如生长缓慢、开花推迟和根系发育受损等（Ma et al.，2013；Hu et al.，2009；Rossi et al.，2007；Xu et al.，2005）。RPD3/HDA1 类型的组蛋白去乙酰化酶也参与胁迫应答反应。拟南芥 AtHDA6 和 AtHDA19 参与脱落酸（ABA）和耐盐性反应的调控。*AtHDA6* 突变体（*axe1-5*）或 *AtHDA6*-RNAi 植株对 ABA 和盐胁迫超敏感（Chen et al.，2010）。拟南芥 *AtHDA19* T-DNA 插入突变体（*AtHDA19-1*）也对 ABA 和盐胁迫超敏感（Chen and Wu，2010）。组蛋白去乙酰化与植物低温胁迫耐受性有密切关系。HOS15 是具有组蛋白去乙酰化作用的蛋白复合体的一个组成部分。拟南芥 *hos15* 突变体对冻害敏感，而对盐、ABA 或氧化胁迫并不敏感（Zhu et al.，2008）。最近研究表明，拟南芥 AtHDA6 在低温胁迫应答反应中具有十分重要的作用。低温（2℃）能够诱导 *AtHDA6* 的表达，*AtHDA6* 突变体对冻害（−18℃）超敏感（To et al.，2011）。这些研究表明，RPD3/HDA1 类型的组蛋白去乙酰化酶在盐和低温胁迫应答反应中发挥了十分重要的调控作用。

在过去的十几年里，HDAC 的功能研究主要集中在玉米、拟南芥、水稻等草本植物上，而对木本植物 *HDAC* 基因的结构和功能了解甚少。木本植物与草本植物在株高、结构、生命周期和多种生命进程方面都存在明显差异。它们在生长、发育及对外界环境胁迫的应答反应也不尽相同。研究木本植物 HDAC 的功能对于了解木本植物发育和胁迫应答反应的表观遗传调控机制具有重要意义。本研究详细分析了毛果杨 RPD3/HDA1 类型组蛋白去乙酰化酶的序列，以及它们在低温和盐胁迫条件下的表达模式。此外，还分析了 HDAC 家族所有成员在 ABA 处理条件下的表达。这些研究结果为杨树 HDAC 功能的研究奠定了基础。

5.2.1 *HDAC* 在不同器官的表达

利用实时荧光定量 PCR（real-time PCR）的方法，分析了毛果杨 RPD3/HDA1 亚家族 11 个成员在叶、茎和根等不同器官的表达水平（图 5-7）。由于 HDA902 与 HDA903，以及 HDA908 与 HDA909 序列之间存在高度的一致性，对这 4 个基因的 PCR 产物均进行了测序。结果显示，这些基因的引物特异性很高。在叶、茎和根中均能检测到所有 HDAC 的表达，HDAC 家族不同成员在不同器官的表达水平不同。在所分析的这 11 个 HDAC 分子中，HDA903 的基因在各器官的表达水平最高，而 HDA905 和 HDA910 的基因的表达水平相对较低。

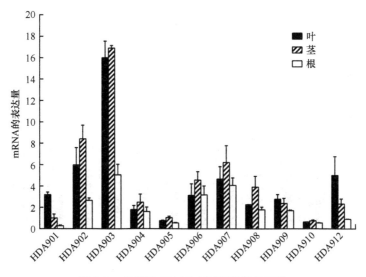

图 5-7　毛果杨 *HDAC* 在不同器官的表达

5.2.2　*HDAC* 在低温胁迫下的表达

为了研究 *HDAC* 基因在低温胁迫下的表达，利用实时荧光定量 PCR 的方法，分析了毛果杨 RPD3/HDA1 亚家族中 11 个 *HDAC* 基因的表达模式（图 5-8）。低温（4℃）处理 24h，大多数 *HDAC* 基因的表达没有明显变化；而低温处理较长时间（3 天）时，大多数 *HDAC* 基因的表达水平上调；在 25℃恢复生长 2 天后，这些基因的表达水平几乎回到处理前（0 天）的水平。在低温处理 2 天时，叶中 *HDA903*、*HDA904* 和 *HDA909*（图 5-8A），茎中 *HDA902*、*HDA903*、*HDA904*、*HDA909* 和 *HDA912*（图 5-8B），以及根中 *HDA902*、*HDA903*、*HDA904*、*HDA909* 和 *HDA912* 基因（图 5-8C）的表达量显著上调，是对照的 1.9 倍以上。总之，低温胁迫能够显著诱导毛果杨 RPD3/HDA1 亚家族中 *HDA902*、*HDA903*、*HDA904*、*HDA909* 和 *HDA912* 基因的表达。

5.2.3　*HDAC* 在盐胁迫下的表达

为了研究 *HDAC* 基因在盐胁迫条件下的表达，采用 200mmol/L NaCl 处理毛果杨幼苗不同的时间（0h、12h 和 48h），然后利用实时荧光定量 PCR 的方法分析毛果杨 RPD3/HDA1 亚家族 11 个成员的表达模式（图 5-9）。盐处理 12h 时，大部分 *HDAC* 基因的表达量开始下降；盐处理 48h 后，这些 *HDAC* 基因表达水平下降至最低水平。在短期盐处理后（12h），*HDA901*、*HDA908*、*HDA909* 和 *HDA912* 基因在某些器官的表达是上调的。而盐处理 48h 后，叶中 *HDA902* 和 *HDA903* 基因（图 5-9A），茎中 *HDA901*、*HDA902*、*HDA903*、*HDA904*、*HDA910* 和 *HDA912* 基因

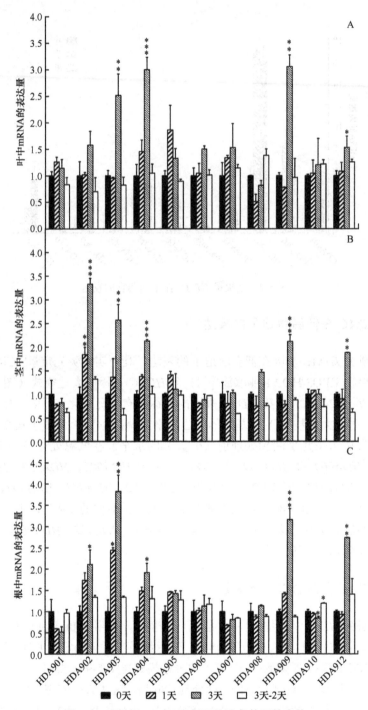

图 5-8 毛果杨 *HDAC* 在低温胁迫条件下的表达

利用实时荧光定量 PCR 的方法分析了低温（4℃）条件下毛果杨叶（A）、茎（B）和根（C）中 RPD3/HDA1 亚家族成员的表达水平。以 18S 为内参，非处理条件下每个基因的转录水平指定为 1，与非处理条件下表达水平比较得到处理条件下相应基因的表达水平（*n*-fold）。*、**和***分别代表统计学分析显著性水平 $P \leqslant 0.05$、$P \leqslant 0.01$ 和 $P \leqslant 0.001$

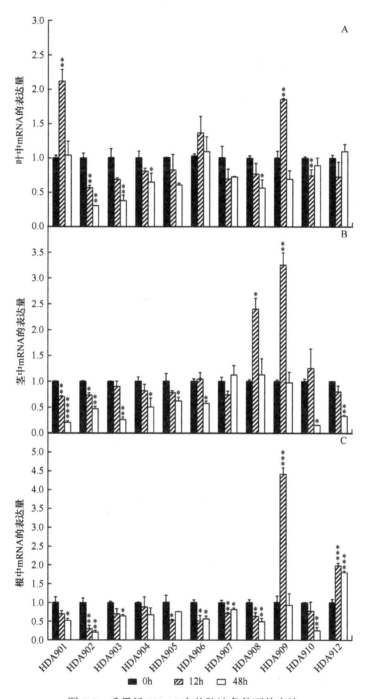

图 5-9　毛果杨 *HDAC* 在盐胁迫条件下的表达

利用实时荧光定量 PCR 的方法分析了 NaCl 处理不同时间毛果杨叶（A）、茎（B）和根（C）中 RPD3/HDA1 亚家族成员的表达水平。以 18S 为内参，非处理条件下每个基因的转录水平指定为 1，与非处理条件下表达 水平比较获得处理条件下相应基因的表达水平（*n*-fold）。*、**、***和****分别代表统计学分析显著性水平 $P \leq 0.05$、$P \leq 0.01$、$P \leq 0.001$ 和 $P \leq 0.0001$

（图 5-9B），以及根中 *HDA902*、*HDA908* 和 *HDA910* 基因（图 5-9C）的表达量显著下降，与对照相比（非盐处理）下降了 50% 以上。值得提出的是：与其他亚家族成员不同，毛果杨 *HDA909* 基因的表达水平在盐胁迫 12h 后没有下降，而是在所有器官中显著上调，暗示 *HDA909* 基因在盐胁迫应答反应的早期可能发挥独特的功能。

5.2.4 *HDAC* 在 ABA 处理下的表达

本研究采用实时荧光定量 PCR 的方法，分析了 100μmol/L ABA 处理条件下毛果杨叶片中 HDAC 家族所有基因的表达（图 5-10）。结果表明，毛果杨 *HDAC* 基因的表达受 ABA 的调节，不同家族成员对 ABA 的应答反应不同。ABA 处理 6h 显著提高了毛果杨 *HDA901*、*HDA903* 和 *HDT901* 基因的表达，其中 *HDA901* 的表达水平提高了 2.1 倍。而 ABA 处理 24h 显著降低了 *HDA907* 和 *HDT901* 基因的表达水平，其中 *HDT901* 的表达量下降了约 67%。*HDT901* 基因的表达水平受 ABA 处理时间的影响，在 ABA 处理早期（6h）表达量上调，在 ABA 处理晚期（24h）表达量下调。

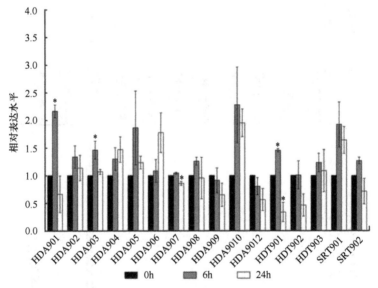

图 5-10 ABA 处理对毛果杨叶片 *HDAC* 基因表达的影响

以 18S 为内参，非处理条件下每个基因的转录水平指定为 1，*HDAC* 基因相对表达水平指处理后表达量与处理前（0h）相比较得到的相对值，*代表统计学分析显著性水平（*P*<0.05）

5.2.5 讨论与结论

5.2.5.1 讨论

组蛋白去乙酰化酶在植物的生长、发育和胁迫应答反应中发挥了关键的调控作用（Ma et al.，2013）。目前，人们对拟南芥、水稻和玉米等草本植物中的某些

HDAC 基因研究得比较深入。而木本植物 HDAC 的研究鲜有报道。我们详细分析了毛果杨 RPD3/HDA1 亚家族组蛋白去乙酰化酶的序列和基因表达。序列分析表明，HDA902 与 HDA903 在氨基酸序列上具有很高的同源性，高达 94.8%；HDA908 和 HDA909 氨基酸序列也具有很高的一致性（89.3%）。杨树存在这样成对的同源性极高的 HDAC，暗示这些基因的重要性。这些成对的基因在进化过程中可能通过复制和改变，进而获得新的功能或者冗余的功能。根据低温和盐胁迫条件下 *HDAC* 基因表达的模式，我们推测 *HDA902* 与 *HDA903* 基因可能具有重叠功能，而 *HDA908* 与 *HDA909* 基因在胁迫应答反应中可能具有不同的功能。

Hu 等（2009）研究发现，相对于干旱和盐胁迫，低温对水稻 *HDAC* 基因表达的影响较小。而 To 等（2011）的研究结果显示，低温能够诱导拟南芥 *AtHDA6* 和 *AtHDA19* 基因的表达。根据序列相似性和系统进化树分析（Ma et al.，2013），毛果杨 HDA908 和 HDA909 与拟南芥 AtHDA6 具有同源性，毛果杨 HDA902 和 HDA903 与拟南芥 AtHDA19 具有同源性。我们的研究结果显示，低温处理 3 天能够显著诱导毛果杨 *HDA902*、*HDA903* 和 *HDA909* 基因的表达，这一结果与在拟南芥中的发现一致（To et al.，2011）。这些研究表明，在低温胁迫条件下，来自草本植物和木本植物的 HDAC 同源基因具有相近的表达模式。

我们研究发现，毛果杨 HDAC 对低温和盐胁迫的反应不同，低温胁迫能够诱导杨树大多数 *HDAC* 基因的转录，而盐胁迫却能抑制大多数 *HDAC* 基因的转录。HDAC 通常与基因表达的抑制或沉默有关。我们推测，在低温胁迫条件下，由于 *HDAC* 基因表达上调，可能会抑制低温应答基因的表达；而在盐胁迫条件下，由于 *HDAC* 基因表达下降，可能会导致一些胁迫相关基因的表达上调。低温和盐胁迫条件下 *HDAC* 基因表达模式的解析为其功能的研究奠定了基础。

5.2.5.2　结论

本研究详细分析了毛果杨 RPD3/HDA1 亚家族蛋白的序列及其基因在低温和盐胁迫条件下的表达，还分析了毛果杨 HDAC 家族所有基因在 ABA 处理条件下的表达。RPD3/HDA1 亚家族成员在根、茎和叶中均能表达，但不同成员在不同器官中表达水平有差异。低温胁迫下，*HDA902*、*HDA903*、*HDA904*、*HDA909* 和 *HDA912* 表达水平上调；而在盐胁迫下，大多数 *HDAC* 基因的表达下降。ABA 处理能够影响某些 *HDAC* 基因的表达。这些研究结果表明，*HDAC* 基因的表达受低温、盐胁迫和 ABA 的调控。

5.2.6　材料和方法

5.2.6.1　植物材料的胁迫处理

选用 4 周龄毛果杨幼苗进行盐和低温处理。毛果杨幼苗在 25℃、16h 光照/8h

黑暗的条件下培养。盐胁迫处理时，培养基质中添加 200mmol/L NaCl，处理 0h、12h 和 48h。低温胁迫处理时，将幼苗转移到 4℃ 培养箱中，在 16h 光照/8h 黑暗条件下生长 0 天、1 天和 3 天，然后低温处理 3 天的幼苗在 25℃ 条件下恢复生长 2 天（命名为 3 天-2 天）。盐处理和低温处理后，分别收集幼苗的叶、茎和根，立即放入液氮中冷冻，然后储存于-80℃。进行 3 次重复试验。

毛果杨幼苗在 25℃、16h 光照/8h 黑暗的条件下培养，选取株高和生长状态一致的幼苗进行 ABA 处理。ABA 浓度为 100μmol/L，采用叶片喷洒的方式处理 0h、6h 和 24h，然后剪取叶片，经液氮速冻后保存于-80℃，用于叶片总 RNA 的提取。进行 3 次重复试验。

5.2.6.2 总 RNA 的提取和反转录为 cDNA

采用 Trizol 试剂（Invitrogen）提取经盐、低温和 ABA 处理后毛果杨不同器官的总 RNA。将提取的总 RNA 用 Dnase I 处理后进行反转录，合成 cDNA。cDNA 合成是选用 PrimeScript RT reagent Kit 试剂盒（TaKaRa），根据试剂盒的说明进行。反转录合成的 cDNA 经过适当稀释后，用于实时荧光定量 PCR 分析。

5.2.6.3 实时荧光定量 PCR

利用 SYBR Premix Ex Taq II Kit 试剂盒（TaKaRa）进行实时荧光定量 PCR 分析，体系为 20μl 体积。PCR 反应时，每个样品进行 3 个 PCR 反应，每个处理时间点为 3 个生物学重复。所有 PCR 反应条件如下：95℃ 5min；95℃ 30s，60℃ 30s 和 72℃ 30s，44 个扩增循环。所有基因的 Ct 值都以 18S rRNA（18S）为内参。分析 *HDAC* 基因组织特异性表达时，每个 *HDAC* 基因的表达量均相对于 18S rRNA，其数值采用 $2^{-\Delta Ct}$ 方法（Livak and Schmittgen，2001）计算获得，并显示为 $10^{6} \times 2^{-\Delta Ct}$。分析低温、盐和 ABA 处理条件下 *HDAC* 基因表达时，基因表达量采用 $2^{-\Delta\Delta Ct}$ 方法计算。非处理情况下，每个 *HDAC* 基因的表达量设定为 1。低温、盐和 ABA 处理条件下，每个基因的表达量（*n*-fold）分别相对于未受任何处理时该基因的表达量。统计分析采用 one-way ANOVA 方法中的 Tukey 检验。*HDA902*、*HDA903*、*HDA908* 和 *HDA909* 基因序列具有高度一致性，为了确定其引物的特异性，这些基因的实时荧光定量 PCR 产物均委托华大基因有限公司进行测序。

5.3 毛果杨 *HDAC* 基因的克隆及亚细胞定位

5.3.1 毛果杨 *HDA901* 基因的克隆和亚细胞定位

组蛋白去乙酰化酶（HDAC）在植物生长、发育和胁迫应答反应中发挥十分重要的调节作用。目前，HDAC 研究主要集中在玉米、拟南芥、水稻等草本植物，而木本植物 HDAC 的研究鲜有报道。杨树是世界上广泛分布的可用作工业用材、防护林和城市行道树的重要树种。目前，杨树组蛋白去乙酰化酶基因的克隆和功能研究鲜有报道。本研究克隆了毛果杨 RPD3/HDA1 类型的组蛋白去乙酰化酶基因 *HDA901* 的编码区序列，并对其进行了生物信息学分析及亚细胞定位和盐胁迫下的表达分析，为深入研究组蛋白去乙酰化酶基因在杨树盐胁迫应答反应中的功能奠定了基础。

5.3.1.1　毛果杨 *HDA901* 基因的克隆

采用毛果杨 *HDA901* 特异性引物，以毛果杨叶片 cDNA 为模板，通过 PCR 的方法获得 *HDA901* 基因可读框（ORF）的扩增片段（图 5-11）。测序结果表明，毛果杨 *HDA901* 基因的 ORF 序列全长为 1245bp，编码一个由 414 个氨基酸组成的蛋白质（图 5-12）。

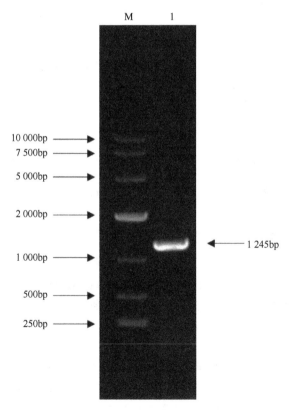

图 5-11　毛果杨 *HDA901* 的 PCR 扩增结果

M. DL10 000 Marker；1. 毛果杨 *HDA901* 可读框的扩增结果

5.3.1.2　HDA901 的生物信息学分析

1. HDA901 的序列分析

通过在线 ExPaSy 的 ProtParam 软件对毛果杨 *HDA901* 基因所编码的蛋白质进

```
   1  ATGGAGCTTCAAACTTTCCGCCTTCCATATTTTGCAGGGTGCAGATATTTTCAGAGGCGTTCGATTTTGCGAAGGCAGTTCTGCACAAAG
   1  M  E  L  Q  T  F  R  L  P  Y  F  A  G  C  R  Y  F  Q  R  R  S  I  L  R  R  Q  F  C  T  K

  91  CGCAGTGGATTTTCTATTTCTTGCTCATATAGTTTAGACAAGGATCCACTGATTGAAAAGTTAACTGATGCACGAGTAATTTATAGTGTT
  31  R  S  G  F  S  I  S  C  S  Y  S  L  D  K  D  P  L  I  E  K  L  T  D  A  R  V  I  Y  S  V

 181  GCGGCCTGCCATGGGTCATAACCAGGAGGCACATCCCGAATCCTATCTTAGAGTGTTCCTGCAATCGTGAGTGCTCTTGAAAAGGCAGAACTC
  61  A  P  A  M  G  H  N  Q  E  A  H  P  E  S  Y  L  R  V  P  A  I  V  S  A  L  E  K  A  E  L

 271  ACATCAAAGTTTCGTGGTTCTGAGATCATTGAACTTCAAGATTTCAAGCCTGCTTCACTGGATGACATTGCCAATGTTCATGCCAGAGCT
  91  T  S  K  F  R  G  S  E  I  I  E  L  Q  D  F  K  P  A  S  L  D  D  I  A  N  V  H  A  R  A

 361  TATGTAGCAGGCCTTGAGAAGGCTATGGATCAAGCTTCAGAACAGGGCATTATTTATATGATGGGTCTGGACCAACATATGCTACTGCC
 121  Y  V  A  G  L  E  K  A  M  D  Q  A  S  E  Q  G  I  I  Y  I  D  G  S  G  P  T  Y  A  T  A

 451  ACTACGTTCCGGGAGTCACTTGTGGCAGCTGGAGCAGGACTAACCCTTGGTCGATTCAGTGGTGATGTCTCAACCTGGAATCCAGAATCCA
 151  T  T  F  R  E  S  L  V  A  A  G  A  G  L  T  L  V  D  S  V  V  M  S  Q  P  G  I  Q  N  P

 541  CCTACAGGATTTGCTTTGATCAGACCTCCTGGGCATCATGCTATTCCAAAAGGGCCTATGGGCTTTTGTGTTTTGGCAATGTGGCCATT
 181  P  T  G  F  A  L  I  R  P  P  G  H  H  A  I  P  K  G  P  M  G  F  C  V  F  G  N  V  A  I

 631  GCAGCTCGTCATGCTCAACTAGTGCATGGATTAAAACGAGTGTCTTTATCATTGATTTTGATGTTCACCATGGGAATGGGACGAATGATGCA
 211  A  A  R  H  A  Q  L  V  H  G  L  K  R  V  F  I  I  D  F  D  V  H  H  G  N  G  T  N  D  A

 721  TTTTTTGATGATCCAGATATATATACTTCCTGTCCACTCACCAAGATGGAAGCTATCCAGGTACTGGTAAAATTGACGAGATAGGTCATGGA
 241  F  F  D  D  P  D  I  Y  F  L  S  T  H  Q  D  G  S  Y  P  G  T  G  K  I  D  E  I  G  H  G

 811  GATGGTGAAGGTACAACTTTAAATCTGCCTCTACCAGGAGGCTCAGGTGACATTTCCATGAGGACTGTGTTTGATGAAGTCATCGTACCA
 271  D  G  E  G  T  T  L  N  L  P  L  P  G  G  S  G  D  I  S  M  R  T  V  F  D  E  V  I  V  P

 901  AGTGCTCAAAGGTTCAAGCCAGATATTATTCTTGTTTCTGCTGGTTATGATGCTCATGTTCTGGATCCACTGGGGAGTCTTCAATTTACA
 301  S  A  Q  R  F  K  P  D  I  I  L  V  S  A  G  Y  D  A  H  V  L  D  P  L  G  S  L  Q  F  T

 991  ACAGGAACTACTACACGCTTGCCTCTAATATTAAGGAACTGGCAAAGATCTATGTGGTGGCCGATGCGTGTTTTTCTTGGAGGGAGGA
 331  T  G  Y  Y  T  L  A  S  N  I  K  E  L  A  K  D  L  C  G  G  R  C  V  F  F  L  E  G  G

1081  TACAACCTCGATTCTCTTTCTTATTCAGTAACGGACTCCTTTCCGAGCTTTCCTCGGTGAAGAGTTTGGCATCTGAGTTTGATAACCCT
 361  Y  N  L  D  S  L  S  Y  S  V  T  D  S  F  R  A  F  L  G  E  K  S  L  A  S  E  F  D  N  P

1171  GCCATCTTGTACGAAGAACCATCAACAAAGGTGAAGCAAGCGATCCAGAGAGTTAAACACATACATTCCCTCTGA
 391  A  I  L  Y  E  E  P  S  T  K  V  K  Q  A  I  Q  R  V  K  H  I  H  S  L  *
```

图 5-12　毛果杨 *HDA901* 基因的 ORF 序列和编码氨基酸序列

行序列分析。结果表明，该蛋白质的理论分子质量为 45.2kDa，理论等电点为 5.77。利用 NCBI 的保守结构域数据库（conserved domain database，CDD）对 HDA901 蛋白的保守结构域进行预测。结果表明，在氨基酸序列的第 61 和 378 位之间存在一个组蛋白去乙酰化酶结构域（HDAC_Class II），该结构域属于 Agrelinase_HDAC 超家族。

利用 DNAMAN 软件，将毛果杨 *HDA901* 基因编码的蛋白质与来自其他 6 个物种的 HDAC 同源蛋白质进行多重序列比对分析，结果表明这些组蛋白去乙酰化酶在氨基酸序列上具有高度保守性（图 5-13）。对应于毛果杨 HDA901 的 152～216 位氨基酸残基处，来自不同植物的 HDAC 蛋白存在一段长为 65 个氨基酸残基的高度保守序列，这一段序列极有可能是该蛋白质的重要功能位点。毛果杨 PtHDA901 与桃 PpHDA5807 的氨基酸序列一致性最高（90%）；与玉米 ZmHDA118、拟南芥 AtHDA14 和水稻 OsHDA714 具有较高的一致性，分别为 88%、87% 和 85%；与火炬松 PtHDA1801 和云杉 PaHDA 的一致性也较高，分别为 84% 和 81%。

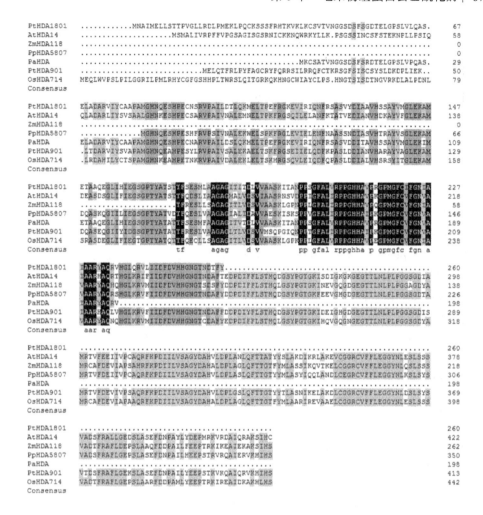

图 5-13　毛果杨 HDA901 与其他植物 HDAC 的氨基酸序列比对（彩图请扫封底二维码）

黑色代表氨基酸一致性为 100%，粉色代表氨基酸一致性为 75%，绿色代表氨基酸一致性为 50%；PtHDA1801. 火炬松；AtHDA14. 拟南芥；ZmHDA118. 玉米；PpHDA5807. 桃；PaHDA. 云杉；PtHDA901. 毛果杨；OsHDA714. 水稻

2. 系统进化树分析

利用 MEGA5.0 软件对毛果杨 HDA901 及其同源蛋白质的氨基酸序列进行了系统发育进化树分析。结果表明，相同科的植物可以聚为一类，如火炬松和云杉都属于松科。单子叶植物玉米和水稻的 HDAC 在进化上处于一个分支；双子叶植物毛果杨 PtHDA901 与拟南芥 AtHDA14 处在一个分支，亲缘关系最近（图 5-14）。

3. 毛果杨 *HDA901* 基因启动子序列分析

对基因的启动子序列进行顺式作用元件分析，可以预测到影响基因表达的各种诱导因素，为基因的功能研究提供参考依据。在线启动子分析软件 PlantCare

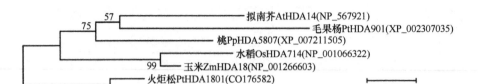

图 5-14　毛果杨 HDA901 与其他同源蛋白质的系统进化树分析

分支上的数值表示 Bootstrap 验证中基于 1000 次重复该节点的可信度；标尺表示遗传距离，
括号内为 GenBank 登录号

（http: //bioinformatics.psb.ugent.be/webtools/plantcare/html/）是一种常用的顺式作用元件预测工具。利用在线启动子分析软件 PlantCare，对毛果杨 *HDA901* 基因的启动子进行分析（表 5-6）。毛果杨 *HDA901* 基因的启动子序列来自 Phytozome（http: //phytozome.jgi.doe.gov/pz/portal.html）数据库，选取 *HDA901* 上游 3000bp 序列作为其启动子进行分析。在 *HDA901* 启动子序列中，有显著的启动子元件 TATA-box、CAAT-box、增强子及 TC-rich repeats 序列。在 *HDA901* 启动子区域中，还存在大量的与光反应相关的元件，如 3-AF1 binding site、ACE、AT-rich element、Box 4、Box I、G-box 和 I-box 等。根据这些结果推测，毛果杨 *HDA901* 基因很可能参与

表 5-6　毛果杨 *HDA901* 基因启动子序列的顺式作用元件

元件	特征序列	功能描述	数目
3-AF1 binding site	AAGAGATATTT	光响应元件	1
ABRE	TACGTG	脱落酸响应相关的顺式作用元件	1
ACE	AAAACGTTTA	光响应相关的顺式作用元件	2
AT-rich element	ATAGAAATCAA	AT-rich DNA 结合蛋白结合位点	1
Box 4	ATTAAT	光响应相关的部分保守 DNA 组件	8
Box I	TTTCAAA	光响应相关元件	4
CAAT-box	CAAT	启动子、增强子区域普通顺式作用元件	22
CCAAT-box	CAACGG	MYBHv1 结合位点	1
G-Box	CACGTA	光响应相关的顺式元件	2
HSE	AAAAAATTTC	高温胁迫相关的顺式元件	1
I-box	TATTATCTAGA	部分光响应元件	1
Skn-1_motif	GTCAT	胚乳表达相关的顺式作用元件	2
TATA-box	TACAAAA	转录起始-30 核心启动子元件	114
Box-W1	TTGACC	真菌诱导子响应元件	1
CAT-box	GCCACT	分生组织表达相关的顺式作用元件	1
GARE-motif	AAACAGA	赤霉素响应相关元件	1
TC-rich repeats	GTTTTCTTAC	防御、胁迫相关的顺式元件	2
TCA-element	CCATCTTTTT	水杨酸响应相关元件	1
TCT-motif	TCTTAC	部分光响应元件	1
TGACG-motif	TGACG	茉莉酮酸酯响应相关的顺式作用元件	1

杨树的光反应。此外，在 *HDA901* 启动子区域还存在其他一些元件，如 GA 调节元件 GARE-motif、ABA 反应元件 ABRE、热响应元件 HSE、真菌诱导元件 Box-W1 和胚乳发育的相关元件 Skn-1_motif。这些元件的存在表明，毛果杨 *HDA901* 参与多个生物学反应过程，涉及光调节、植物激素反应、胁迫应答反应和早期发育中的生物学调控。

5.3.1.3　HDA901 的亚细胞定位

利用在线软件 WoLF PSORT 对毛果杨 HDA901 亚细胞定位进行了预测分析。预测结果表明，HDA901 不存在于细胞核和细胞质中，主要位于线粒体，同时也穿梭于叶绿体和线粒体之间。为了确定毛果杨 HDA901 蛋白在细胞内的分布，构建了 HDA901-GFP 的瞬时表达载体，观察 HDA901 在洋葱表皮细胞中的表达。结果显示，HDA901 既没有定位于细胞核中，也没有定位在细胞质中（图 5-15），推测其可能定位于细胞器中。毛果杨 HDA901 在细胞内的分布有别于其他植物组蛋白去乙酰化酶，预示着其可能具有不同的功能。

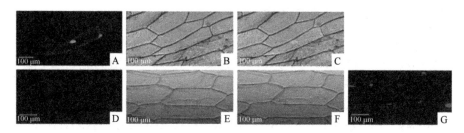

图 5-15　毛果杨 HDA901 的亚细胞定位（彩图请扫封底二维码）

A、D. 绿色荧光下的图像；B、E. 可见光下的图像；C. 绿色荧光和可见光两者叠加的图像；F. 绿色荧光、蓝色荧光和可见光三者叠加的图像；G. 蓝色荧光下 DAPI 染色的图像；A～C. GFP 在洋葱表皮细胞的表达；D～G. HDA901-GFP 融合蛋白在洋葱表皮细胞的表达

5.3.1.4　讨论与结论

1. 讨论

在多种植物中的研究表明，组蛋白去乙酰化酶主要分布于细胞核内，也在细胞质、细胞器（如叶绿体和线粒体）中有分布，或穿梭于细胞核与细胞质之间（Ma et al.，2013）。利用生物信息学软件 WoLF PSORT，对毛果杨 HDA901 蛋白的亚细胞定位进行了预测分析，结果显示 HDA901 蛋白不存在于细胞核和细胞质中，主要位于线粒体，同时也穿梭于叶绿体和线粒体之间。此外，分析毛果杨 *HDA901* 基因在洋葱表皮细胞中的表达，结果证实了 HDA901 确实没有定位于细胞核和细胞质中。由于洋葱表皮细胞没有叶绿体，线粒体也不易观察，因此无法确定 HDA901 在叶绿体和线粒体中的分布情况。HDA901 很可能分布于线粒体和（或）叶绿体中，参与这些细胞器基因表达的调控。为了进一步确定毛果杨 HDA901 的亚细胞分布，明确其是否在叶绿体或线粒体中存在，可以将 *HDA901* 遗传转化到

植物中并稳定表达，或进行原生质体瞬时表达，从而确定 HDA901 在细胞内发挥功能的部位。

2. 结论

本研究克隆了毛果杨组蛋白去乙酰化酶基因 *HDA901* 的编码序列，并对 HDA901 进行了生物信息学和亚细胞定位分析。序列分析表明，*HDA901* 可读框为 1245bp，编码一个由 414 个氨基酸残基组成的蛋白质，等电点为 5.77。毛果杨 HDA901 与来自其他物种的同源蛋白质均具有一段保守序列，即 HDAC 结构域；在进化上与拟南芥 AtHDA14 亲缘关系较近。启动子分析表明，毛果杨 *HDA901* 基因启动子序列包含 ACE、ABRE、HSE 和 TC-rich repeats 等多个与逆境相关的顺式作用元件。亚细胞定位分析表明，毛果杨 HDA901 蛋白不在细胞核和细胞质中分布，可能定位于线粒体或穿梭于线粒体和叶绿体之间。

5.3.1.5 材料和方法

1. 毛果杨 *HDA901* 基因的克隆

采用 Trizol 试剂提取毛果杨幼苗叶片总 RNA。采用 PrimeScript RT reagent Kit 试剂盒（TaKaRa）将所提取的总 RNA 反转录为 cDNA，作为模板用于毛果杨 *HDA901* 基因序列的克隆。

以毛果杨 cDNA 为模板，采用上游引物（5′-GCTCTAGAATGGAGCTTCAAA CTTTCCG-3′）和下游引物（5′- GGGGTACC TCAGAGGGAATGTATGTGTT-3′），扩增毛果杨 *HDA901* 基因全长编码序列（ORF）。使用 DNA 凝胶回收试剂盒（Omega）回收 PCR 产物，然后克隆到 pMD18-T Vector 载体（TaKaRa）上，并转入大肠杆菌 DH5α 中。PCR 验证阳性克隆送至华大基因有限公司进行测序。

2. 毛果杨 HDA901 蛋白质序列生物信息学分析

利用 ExPaSy 提供的在线程序 ProtParam（http: //web.expasy.org/protparam/）对毛果杨 HDA901 蛋白的一级结构、分子质量和等电点进行分析。利用 NCBI 的保守结构域数据库（CDD）（http: //www.ncbi.nlm.nih.gov/cdd/）对毛果杨 HDA901 蛋白的结构域进行分析。通过染色质数据库 ChromDB（http: //www.chromdb.org/）的 Blasp 程序获得毛果杨 HDA901 同源蛋白质的氨基酸序列。利用软件 DNAMAN 对毛果杨 HDA901 与其他植物中的同源蛋白质进行多重序列比对分析；利用软件 MEGA5.0 对毛果杨 HDA901 与其他植物中的同源蛋白质进行系统进化树分析。利用在线启动子分析软件 PlantCare（http: //bioinformatics.psb.ugent.be/webtools/plantcare/ html/）对毛果杨 *HDA901* 基因的启动子进行分析。利用在线软件 WoLF PSORT（https: //wolfpsort.org/）预测毛果杨 HDA901 蛋白的亚细胞定位。

3. 毛果杨 HDA901 的亚细胞定位

毛果杨 *HDA901* 基因的 ORF 序列与 GFP 构建成融合基因表达载体。采用基因枪法转化洋葱内表皮，使其瞬时表达。在激光共聚焦显微镜下观察融合蛋白在洋葱内表皮细胞中的定位。

5.3.2 毛果杨 *HDA902* 基因的克隆和亚细胞定位

HDA902 是毛果杨组蛋白去乙酰化酶（HDAC）RPD3/HDA1 亚家族成员。本研究克隆了毛果杨 *HDA902* 基因，采用生物信息学方法对其编码的蛋白质进行了序列分析及亚细胞定位分析，为进一步了解 *HDA902* 基因在杨树生长发育和胁迫应答反应中的生物学功能奠定了基础。

5.3.2.1 *HDA902* 基因的克隆

采用毛果杨 *HDA902* 基因特异性引物，以毛果杨叶片 cDNA 为模板，通过 PCR 方法获得 *HDA902* 基因可读框（ORF）的扩增片段（图 5-16）。测序结果表明，毛果杨 *HDA902* 基因的 ORF 序列全长为 1500bp，编码一个由 499 个氨基酸组成的蛋白质（图 5-17）。

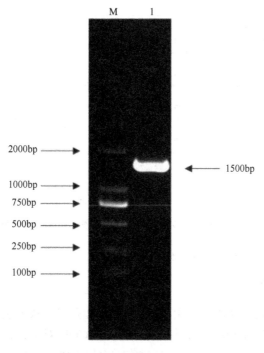

图 5-16 毛果杨 *HDA902* 的 PCR 扩增结果

M. DL2000 Marker；1. 毛果杨 *HDA902* 可读框的扩增片段

```
          10        20        30        40        50        60        70        80        90
1   ATGGACACTGGTGGCAATTCTCTTCCGTCTGCTGCTCCTGATGGGTTAAGAGAAAGGTTTGCTATTTCTACGATCCAGAAGTCGGCAAT
1     M  D  T  G  G  N  S  L  P  S  A  A  P  D  G  V  K  R  K  V  C  Y  F  Y  D  P  E  V  G  N
          100       110       120       130       140       150       160       170       180
91  TACTATTATGGCCAGGGTCACCCCATGAAGCCCATCGCATTCGAATGACCCATGCTCTCCTTGCCCACTACGGCTTGCTTCAGCACATG
31    Y  Y  Y  G  Q  G  H  P  M  K  P  H  R  I  R  M  T  H  A  L  L  A  H  Y  G  L  L  Q  H  M
          190       200       210       220       230       240       250       260       270
181 CAGGTCCTCAAGCCCTTTCCTGCTCGTGACCGCGATCTTTGCCGCTTCCATGCTGATGATTAGTGTCTCTTTCCTCCGCAGCATCACCCCT
61    Q  V  L  K  P  F  P  A  R  D  R  D  L  C  R  F  H  A  D  D  Y  V  S  F  L  R  S  I  T  P
          280       290       300       310       320       330       340       350       360
271 GAGACCCAGCAGGACCAGCTCAGGCAGCTCAAGCGCTTTAACGTTGGCGAAGATTGTCCTGTCTTTGATGGCCTCTACCTCCTTCTGCCAG
91    E  T  Q  Q  D  Q  L  R  Q  L  K  R  F  N  V  G  E  D  C  P  V  F  D  G  L  Y  S  F  C  Q
          370       380       390       400       410       420       430       440       450
361 ACTTACGCTGGTGGCTCTGTTGGGGGTGCCGTCAAGTTAAATCACAACCTCTGTGACATTGCTGTCAATTGGGCTGGTGGCCTCCATCAT
121   T  Y  A  G  G  S  V  G  G  A  V  K  L  N  H  N  L  C  D  I  A  V  N  W  A  G  G  L  H  H
          460       470       480       490       500       510       520       530       540
451 GCTAAGAAGTGTGAAGCTTCTGGTTTTTGCTATGTTAATGACATCGTGCTTGCAATCTTGGAGCTTCTTAAAGTGCATGAGCGTGTTCTG
151   A  K  K  C  E  A  S  G  F  C  Y  V  N  D  I  V  L  A  I  L  E  L  L  K  V  H  E  R  V  L
          550       560       570       580       590       600       610       620       630
541 TATGTGGATATTGATATTCACCATGGTGATGGTGGAGGAAGCATTTTACACCACTGATAGAGTCATGACTGTTTCCATAAATTT
181   Y  V  D  I  D  I  H  H  G  D  G  V  E  E  A  F  Y  T  T  D  R  V  M  T  V  S  F  H  K  F
          640       650       660       670       680       690       700       710       720
631 GGAGATTACTTTCCCGGCACAGGAGATATACGTGACATTGGATTTTCAAAAGGAAAATACTACTCTCAATGTTCCATTGGATGATGGA
211   G  D  Y  F  P  G  T  G  D  I  R  D  I  G  F  S  K  G  K  Y  Y  S  L  N  V  P  L  D  D  G
          730       740       750       760       770       780       790       800       810
721 ATTGACGATGAGAGCTATCATTCTTGTTTAAACCACTAATTGGAAAAGTAATGGAAGTTTTTAAACCAGGTGCTGTGGTTCTCCAATGT
241   I  D  D  E  S  Y  H  F  L  F  K  P  L  I  G  K  V  M  E  V  F  K  P  G  A  V  V  L  Q  C
          820       830       840       850       860       870       880       890       900
811 GGTGCTGACTCGTTATCTGGGGATAGATTAGGATGCTTCAATCTTTCTATCAAGGGCCATGCAGAGTGCGTTAAATATATGAGATCTTTC
271   G  A  D  S  L  S  G  D  R  L  G  C  F  N  L  S  I  K  G  H  A  E  C  V  K  Y  M  R  S  F
          910       920       930       940       950       960       970       980       990
901 AATGTGCCATTATTGCTATTGGGTGGTGGTGGCTACACCATTCGAAATGTTGCTCGCTGCTGGTGCTACGAGACTGGAGTTGCACTTGGA
301   N  V  P  L  L  L  L  G  G  G  G  Y  T  I  R  N  V  A  R  C  W  C  Y  E  T  G  V  A  L  G
          1000      1010      1020      1030      1040      1050      1060      1070      1080
991 ATTGAAGTTGATGATAAGATGCCACAGCATGAGTATTATGAGTACTTTGGTCCAGATTACACTCTTCATGTTGCCCCTAGCAACATGGAA
331   I  E  V  D  D  K  M  P  Q  H  E  Y  Y  E  Y  F  G  P  D  Y  T  L  H  V  A  P  S  N  M  E
          1090      1100      1110      1120      1130      1140      1150      1160      1170
1081 AATAAGAATTCCTTCCAGTTACTTGAGGAAATACGGTCTAAGCTCCTTGATAATCTTTCAAAGCTTCAGCATGCACCGAGTGTCCAATTT
361   N  K  N  S  F  Q  L  L  E  E  I  R  S  K  L  L  D  N  L  S  K  L  Q  H  A  P  S  V  Q  F
          1180      1190      1200      1210      1220      1230      1240      1250      1260
1171 CAGGAAAGACCACCTGATACTGAGCTTCTGGAGGCAGAAGAAGATCAGGATGATGCAGATGAGAGATGGGATCCAGATTCTGATATGGAT
391   Q  E  R  P  P  D  T  E  L  L  E  A  E  E  D  Q  D  D  A  D  E  R  W  D  P  D  S  D  M  D
          1270      1280      1290      1300      1310      1320      1330      1340      1350
1261 GTTGATGATGAACGAAAGCCATTACCAAGCAGAGTGAAGAGAAATAGTTGAAGCTGAGCCAAAGGAGTTGGAGGGTCAGAAAGGAAGT
421   V  D  D  R  K  P  L  P  S  R  V  K  R  E  I  V  E  A  E  P  K  E  L  E  G  Q  K  G  S
          1360      1370      1380      1390      1400      1410      1420      1430      1440
1351 TCTGAGTATGCTAGAGGCTTTGATGCAGCAATAGACGAAAATGCAAGTGGAAAGGCTTTGGATGCTGGTCCTATGCAAATTGATGAGCCA
451   S  E  Y  A  R  G  F  D  A  A  I  D  E  N  A  S  G  K  A  L  D  A  G  P  M  Q  I  D  E  P
          1450      1460      1470      1480      1490      1500
1441 GGTGTCCAGAGTTGAACAGGAAAATGTGAACAAGCATTCTGATCAGTTGTACTCCAAGTAG
481   G  V  R  V  E  Q  E  N  V  N  K  H  S  D  Q  L  Y  S  K  *
```

图 5-17　毛果杨 *HDA902* 基因的 ORF 序列和编码氨基酸序列

5.3.2.2　HDA902 生物信息学分析

1. 结构域分析

毛果杨 *HDA902* 编码一个由 499 个氨基酸残基组成的蛋白质，分子质量为 56.178kDa，等电点为 5.06。利用在线分析软件 CDD 对毛果杨 *HDA902* 编码的蛋白质进行结构域分析，结果显示在氨基酸序列的第 18 和 396 位之间存在一个组蛋白去乙酰化酶结构域（histone deacetylase 3）（图 5-18）。此保守序列位于蛋白质多肽链的 N 端，是 HDAC 发挥其酶活性的重要序列。

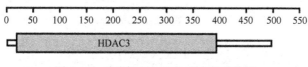

图 5-18　毛果杨 HDA902 蛋白的结构域

2. 同源序列比对分析

利用 NCBI 网站中提供的 Blastp 程序，以毛果杨 HDA902 蛋白的氨基酸序列为靶序列进行氨基酸序列 Blast，寻找 HDA902 同源蛋白质。选择与毛果杨 HDA902 同源性高的蛋白质序列进行多重序列比对及系统进化树分析。利用软件 DNAMAN 对毛果杨 HDA902 与其他植物同源蛋白质进行了多重序列比对分析，结果表明来自不同植物的组蛋白去乙酰化酶在氨基酸序列上具有高度保守性（图 5-19）。对应于毛果杨 HDA902 的 18～396 位氨基酸残基处，来自不同植物的 HDAC 蛋白存在一段长为 378 个氨基酸残基的高度保守序列，这一段序列极有可能是该蛋白质的重要功能位点。毛果杨 HDA902 与桃（*Prunus persica*）HDAC 蛋白和苹果（*Malus domestica*）HDA19-like 蛋白的序列一致性最高（83.33%），与拟南芥（*Arabidopsis thaliana*）HDA19 的一致性为 79.89%，与粳稻（*Oryza sativa* Japonica Group）HDAC 和籼稻（*Oryza sativa* Indica Group）HD1 蛋白质序列的一致性分别为 75.10% 和 70.69%，与玉米（*Zea mays*）HDA101 一致性则为 75.29%。

3. 系统进化树分析

利用 Clustal W 程序对毛果杨 HDA902 与来自其他物种的同源蛋白质进行氨基酸序列比对，然后在此基础上利用 MEGA6.0 软件构建进化树。结果显示，单子叶植物（玉米和水稻）的 HDAC 在进化上和双子叶植物（毛果杨、桃、苹果和拟南芥）处于两个分支；而双子叶植物中，毛果杨 HDA902 与木本植物桃 HDAC（XP 007200978.1）和苹果 HDA19-like（XP 008348955.1）在进化上亲缘关系较近（图 5-20）。

4. 启动子序列分析

从 Phytozome（http: //phytozome.jgi.doe.gov/pz/portal.html）数据库获得毛果杨 *HDA902* 基因的启动子序列（上游 3000bp），利用 PlantCare 在线软件对该启动子进行分析（表 5-7）。结果显示，*HDA902* 基因的启动子序列中包含 46 种顺式作用元件，不仅含有典型的启动子元件 TATA-box、CAAT-box、增强子和 TC-rich repeat 序列，同时还存在大量的与光反应相关的元件，如 GT1-motif、GAG-motif、ACE、Box 4、Box I 和 G-box 等。此外，在 *HDA902* 启动子区域还存在其他一些元件，如高水平转录元件 5UTR Py-rich stretch、厌氧诱导元件 ARE、热响应元件

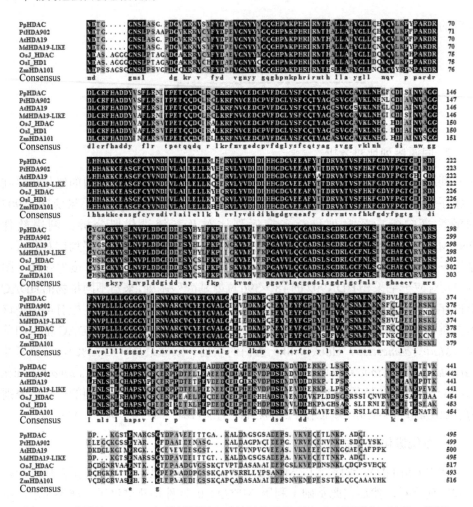

图 5-19 毛果杨 HDA902 与其同源蛋白质的氨基酸序列比对（彩图请扫封底二维码）

黑色代表氨基酸一致性为 100%，粉色代表氨基酸一致性为 75%，绿色代表氨基酸一致性为 50%；Pp 代表桃（*Prunus persica*），Pt 代表毛果杨（*Populus trichocarpa*），At 代表拟南芥（*Arabidopsis thaliana*），Md 代表苹果（*Malus domestica*），OsJ 代表粳稻（*Oryza sativa* Japonica），OsI 代表籼稻（*Oryza sativa* Indica），Zm 代表玉米（*Zea mays*）

HSE、参与生理周期的元件 circadian、低温响应元件 LTR 和胚乳发育的相关元件 Skn-1_motif 等。这些元件的存在表明，毛果杨 HDA902 参与多个生物学反应过程，涉及光调节、植物激素反应、胁迫应答反应及早期发育中的生物学调控。

5.3.2.3 HDA902 的亚细胞定位

1. 毛果杨 HDA902 的亚细胞定位预测

为了了解毛果杨 HDA902 的亚细胞定位，首先采用在线软件 WoLF PSORT 对毛果杨 HDA902 蛋白进行亚细胞定位预测分析（表 5-8）。预测数值由软件直接计算得出，值越高表明预测的准确性越大。结果显示，HDA902 在细胞核的得分是

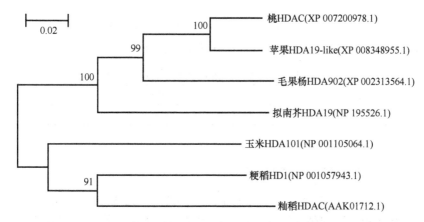

图 5-20　毛果杨 HDA902 与其他植物同源蛋白质的系统进化树分析

分支上数值表示 Bootstrap 验证中基于 1000 次重复该节点的可信度；标尺表示遗传距离，

括号内为 GenBank 登录号

表 5-7　毛果杨 *HDA902* 启动子序列的顺式作用元件

元件	特征序列	功能	数目	作物
5UTR Py-rich stretch	TTTCTTCTCT	高水平转录调控顺式作用元件	3	番茄
ARE	TGGTTT	厌氧诱导必要的顺式作用元件	1	玉米
ACE	ACTACGTTGG	光响应相关的顺式作用元件	1	香菜
CAAT-box	CCAAT	启动子、增强子区域普通顺式作用元件	32	拟南芥
HSE	CNNGAANNTTCNNG	高温胁迫相关的顺式元件	1	番茄
MBS	CAACTG	干旱胁迫的 MYB 结合位点	1	拟南芥
RY-element	CATGCATG	种子特异性相关的顺式作用元件	1	向日葵
Sp1	GGGCGG	光响应元件	4	水稻、玉米
TATA-box	tcTATATAtt	转录起始-30 核心启动子元件	58	拟南芥
TATC-box	TATCCCA	赤霉素响应相关元件	2	水稻
TCA-element	CCATCTTTTT	水杨酸响应相关的顺式作用元件	2	烟草
TGACG-motif	TGACG	茉莉酮酸酯响应相关的顺式作用元件	1	大麦
circadian	CAANNNNATC	参与生理周期调控的顺式作用元件	4	番茄
Box 4	ATTAAT	光响应相关的部分保守 DNA 组件	3	香菜
Box I	TTTCAAA	光响应相关元件	2	豌豆
ERE	ATTTCAAA	乙烯响应元件	1	香石竹
LTR	CCGAAA	低温响应的顺式作用元件	1	大麦
MNF1	GTGCCC（A/T）（A/T）	光响应元件	1	玉米
TC-rich repeat	ATTTTCTTCA	防御和胁迫相关的顺式作用元件	1	烟草
TCCC-motif	TCTCCCT	部分光响应元件	1	菠菜
CATT-motif	GCATTC	部分光响应元件	2	玉米
ATCC-motif	CAATCCTC	光响应相关的部分保守 DNA 组件	1	豌豆
GAG-motif	AGAGATG	部分光响应元件	2	菠菜
GT1-motif	GGTTAA	光响应元件	1	拟南芥
Skn1-motif	GTCAT	胚乳表达相关的顺式作用元件	2	水稻
G-box	CACGT（T/C）	光响应相关的顺式作用元件	2	玉米

8，细胞质的得分是 4，线粒体的得分是 1。因此，HDA902 在细胞核分布的可能性最大，其次在细胞质中分布，可能也存在于线粒体中。

表 5-8　毛果杨 HDA902 蛋白的亚细胞定位

名称	细胞核	质膜	内质网	细胞质	线粒体	液泡膜
HDA902	8	—		4	1	—

注："—"代表无预测数值

2. 毛果杨 HDA902 的亚细胞定位

为了确定毛果杨 HDA902 的亚细胞定位，构建了 HDA902-GFP 融合基因表达载体，将其包埋于微载体（钨粉）中，通过基因枪轰击法使其在洋葱表皮细胞中瞬时表达，通过激光共聚焦显微镜观察荧光信号的位点。结果显示，毛果杨 *HDA902* 基因编码的蛋白质定位于细胞质中（图 5-21）。

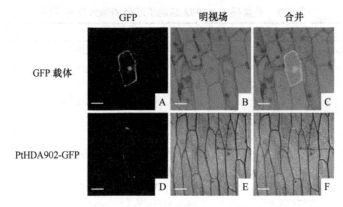

图 5-21　毛果杨 HDA902 的亚细胞定位（彩图请扫封底二维码）

A、B、C. GFP 在洋葱表皮细胞的表达；D、E、F. HDA902-GFP 在洋葱表皮细胞的表达；A、D. 绿色荧光下的图像；B、E. 可见光下的图像；C、F. 绿色荧光和可见光两者叠加的图像。标尺表示 100μm

5.3.2.4　讨论与结论

1. 讨论

对拟南芥、玉米和水稻等植物 HDAC 的研究表明，RPD3/HDA1 亚家族蛋白主要定位于细胞核中，某些 HDAC 蛋白也分布在细胞质中，或者在细胞核与细胞质之间穿梭（Ma et al.，2013）。毛果杨组蛋白去乙酰化酶 HDA902 的亚细胞定位和功能分析未见报道，明确其在细胞内的分布对于了解其功能具有十分重要的意义。在线软件 WoLF PSORT 预测分析显示，HDA902 主要在细胞核和细胞质中分布。我们克隆了毛果杨 *HDA902* 基因，构建了 HDA902-GFP 融合基因表达载体，并将其转化到洋葱表皮细胞，对 HDA902 蛋白的亚细胞定位进行了分析。毛果杨 HDA902 蛋白并没有像预测的那样定位于细胞核中，而是定位在细胞质中，说明 HDA902 蛋白可能在细胞质中发挥作用，其作用底物除了组蛋白外，还可能是其他非组蛋白。

国内外学者对拟南芥、番茄、水稻、玉米（Rossi et al.，2003）和葡萄（Aquea et al.，2010）等植物组蛋白去乙酰化酶家族基因进行了大量研究，发现 RPD3/HDA1 亚家族很多基因在发育和胁迫应答反应过程中发挥了十分重要的调节作用（Yuan et al.，2013）。例如，Chen 等研究发现拟南芥 *AtHDA6* 突变体（*axe1-5*）和 *AtHDA6* 的 RNAi 反义抑制植株对脱落酸（ABA）和 NaCl 高度敏感（Luo et al.，2012；Chen et al.，2010a；Chen and Wu，2010）。在 NaCl 处理下，*axe1-5* 突变体和 RNAi 植株的种子发芽率及幼苗存活率均低于对照。拟南芥 AtHDA19 与 AtHDA6 同源性很高，*AtHDA19* 的突变体对 NaCl 和 ABA 也高度敏感（Chen and Wu，2010）。李涛等（2015）利用 RT-PCR 方法分析了番茄 15 个 *HDAC* 基因在 ABA、盐和低温胁迫条件下的表达。结果表明，有的 *HDAC* 基因表达量显著增加，有的表达量明显降低，说明这些基因很可能参与番茄逆境胁迫条件下的应答反应。在水稻中，水杨酸、茉莉酸和脱落酸能够调节组蛋白去乙酰化酶基因 *HDA705*、*HDT701* 和 *HDT702* 的表达；低温、甘露醇和盐胁迫能影响 *HDA714*、*SRT702* 和 *SRT701* 基因的表达（Fu et al.，2007）。木本植物 HDAC 的功能研究鲜有报道，我们对毛果杨组蛋白去乙酰化酶基因 *HDA902* 的启动子序列进行了分析，结果表明该基因启动子含有赤霉素、水杨酸、茉莉酮酸酯和乙烯等激素响应元件，含有高温和低温胁迫相关的顺式作用元件，以及干旱胁迫的 MYB 结合位点和多个光响应元件。这些顺式作用元件的存在表明，*HDA902* 基因很可能参与毛果杨生物和非生物胁迫的应答反应过程。

2. 结论

采用 PCR 的方法克隆了毛果杨组蛋白去乙酰化酶基因 *HDA902* 的编码序列，对该基因所编码的蛋白质序列进行了生物信息学分析，并构建了 HDA902-GFP 融合基因表达载体，通过其在洋葱表皮细胞的瞬间表达来确定 HDA902 蛋白的亚细胞定位。研究结果表明，毛果杨 *HDA902* 基因的可读框为 1500bp，编码一个由 499 个氨基酸残基组成的蛋白质。毛果杨 HDA902 蛋白与其他植物同源蛋白质具有一个保守的结构域 HDAC3，在进化上与桃（*Prunus persica*）HDAC（XP 007200978.1）和苹果（*Malus domestica*）HDA19-like（XP 008348955.1）的亲缘关系较近。启动子序列分析表明，毛果杨 *HDA902* 基因的启动子序列包含 5UTR Py-rich stretch、ARE、ACE 和 HSE 等多个与逆境和光响应相关的顺式作用元件。亚细胞定位分析表明，毛果杨 HDA902 蛋白主要定位于细胞质中。这些研究结果为进一步研究毛果杨组蛋白去乙酰化酶 *HDA902* 基因的功能奠定了基础。

5.3.2.5　材料与方法

1. 毛果杨 *HDA902* 基因的克隆

采用 Trizol 试剂提取毛果杨组培幼苗叶片的总 RNA，采用 PrimeScript RT

reagent Kit 试剂盒（TaKaRa）将总 RNA 反转录成 cDNA。然后以此 cDNA 作为模板，采用毛果杨 *HDA902* 基因特异性引物进行 PCR 扩增，获得毛果杨 *HDA902* 基因全长编码序列（ORF）。上游引物为 5′-GCTCTAGAATGGAGCTTCAAA CTTTCCG-3′，下游引物为 5′-GGGGTACCTCAGAGGGAATGTATGTGTT-3′。反应程序为：94℃预变性 3min；98℃变性 10s，56℃退火 30s，72℃延伸 90s，共30 个循环；72℃延伸 10min。将 PCR 产物用 1%琼脂糖凝胶电泳检测，使用 DNA 凝胶回收试剂盒（Omega）回收 PCR 产物，然后克隆到 pMD18-T Vector 载体（TaKaRa）上，并转化到大肠杆菌 DH5α 中。PCR 鉴定为阳性的菌落送至华大基因有限公司进行测序。

2. 毛果杨 HDA902 序列的生物信息学分析

毛果杨 *HDA902* 的基因测序结果显示，该基因编码一个含有 499 个氨基酸的蛋白质。通过 ExPaSy 提供的在线程序 ProtParam（http://web.expasy.org/protparam/）获得毛果杨 HDA902 蛋白的一级结构、分子质量和等电点。利用 NCBI 提供的在线分析软件 CDD（http://www.ncbi.nlm.nih.gov/cdd/）对毛果杨 HDA902 蛋白的结构域进行分析。利用软件 DNAMAN 对毛果杨 HDA902 与其他植物中的同源蛋白质进行多重序列比对分析；利用软件 MEGA6.0 对毛果杨 HDA902 与其他植物中的同源蛋白质进行系统进化树分析。利用在线启动子分析软件 PlantCare（http://bioinformatics.psb.ugent.be/webtools/plantcare/html/）对毛果杨 *HDA902* 基因的启动子进行分析。利用在线软件 WOLF PSORT（http://www.genscript.com/wolf-psort.html）预测毛果杨 HDA902 蛋白的亚细胞定位。

3. 毛果杨 HDA902 的亚细胞定位

毛果杨 *HDA902* 的 ORF 序列与 GFP 构建成融合基因表达载体。采用基因枪轰击法转化洋葱内表皮细胞，使其瞬时表达。在激光共聚焦显微镜下观察融合蛋白在洋葱内表皮细胞中的定位。

5.4　毛果杨 HDAC 的功能

5.4.1　HDAC 在杨树根发育过程中的功能

HDAC 在植物生长、发育和胁迫应答反应中发挥重要的调控作用（Ma et al., 2013）。在 HDAC 三个亚家族中，RPD3/HDA1 和 HD2 类型的组蛋白去乙酰化酶能够被组蛋白去乙酰化酶特异性抑制剂 TSA（trichostatin A）或 NaB（butyrate）所抑制（Hollender and Liu, 2008）。

2006 年，杨树基因组测序完成（Tuskan et al., 2006）。目前，在杨树基因组序列中检测到 16 个 HDAC 基因，这些 *HDAC* 基因的功能还不清楚。在植物中，根系发育如根毛发育、侧根形成和主根生长均受到乙酰化调控。早在 2000 年，Murphy 等就发现组蛋白去乙酰化酶抑制剂 TSA 和 HC（helminthosporium carbonum）毒素能够抑制豌豆（*Pisum sativum*）分生组织的有丝分裂（Murphy et al.，2000）。在拟南芥中，TSA 处理能够改变根表皮细胞模式的形成，引起根毛在非根毛部位的形成和发育（Xu et al.，2005）。该研究还发现 HDA18 是根毛发育的关键调节因子。转录因子 EIN3（ethylene insensitive 3）及其同源分子 EIL1（ein3-like1）参与根发育过程乙烯信号途径和茉莉酸（JA）信号途径。拟南芥 RPD3 类型的组蛋白去乙酰化酶 AtHDA6 能够抑制 EIN3/EIL1 依赖性基因转录及 JA 信号途径（Zhu et al.，2011）。除了调控根毛的发育，HDAC 在侧根（lateral root，LR）发育中也具有十分重要的调节作用。LR 的形成受到生长素及生长素反应因子（auxin response factor，ARF）如 ARF7 和 ARF19 的调控。在拟南芥 *arf7/arf19* 双基因突变体植株中，侧根数目显著减少（Okushima et al.，2005；Wilmoth et al.，2005）。IAA14 是生长素（indole-3-acetic acid，IAA）调节蛋白，是拟南芥 ARF 蛋白的抑制因子。IAA14 的结构域 II 发生突变（*slr-1*），会提高该蛋白质的稳定性，进而导致 ARF 蛋白的持续失活，以及 LR 形成过程中柱鞘细胞分裂的抑制（Fukaki et al.，2006）。在 TSA 处理下，*slr-1* 突变体植株会长出更多的侧根（Fukaki et al.，2006）。可见，在 *slr-1* 突变体植株中，侧根发育的抑制需要 HDAC 的存在，HDAC 似乎是侧根初始形成过程中 ARF7/19 转录因子活化的负调控因子。此外，HDAC 对于主根的生长也很重要。生长素在根发育中发挥十分重要的调节作用，而生长素在根尖的分布需要生长素转运蛋白如 PIN（pin-formed）和 ABC（ATP-binding cassette）家族发挥作用（Zazimalova et al.，2010）。Nguyen 等（2013）的工作表明，拟南芥主根的延长受到组蛋白去乙酰化酶抑制剂 TSA 和 NaB 的显著抑制。在 TSA 和 NaB 存在下，根尖 PIN1 蛋白被 26S 蛋白酶降解掉，因而不能在根尖积累（Nguyen et al.，2013）。在水稻中，*OsHDAC1* 基因的过量表达促进了转基因植株根的生长（Jang et al.，2003），后来研究发现影响根发育的 NAC（NAM-ATAF-CUC）转录因子 *OsNAC6* 是 OsHDAC1 的靶基因（Chung et al.，2009）。这些研究表明，HDAC 是根系统发育的关键调节因子。

　　杨树是一种重要的经济和生态树种，也是被学者广泛接受的林木生物学研究模式树种（Taylor，2002）。在杨树中，越来越多的参与发育和胁迫应答反应的基因得到鉴定。例如，编码热激蛋白（heat shock protein，HSP）和热激因子（heat shock factor，HSF）的基因在基因组范围得到鉴定和分析（Yer et al.，2015；Zhang et al.，2015，2013）。另外，采用高通量 RNA-Seq 技术，非编码 RNA（long intergenic non-coding RNA，lncRNA）（Shuai et al.，2014）、干旱反应 microRNA（Shuai et al.，2013）及木质部基因多种拼接形式（Bao et al.，2013）在基因组水平得到鉴定。因此，高通量 RNA 测序技术已经成为杨树发育和胁迫应答反应中基因鉴定的有效方法。

　　通过组织培养进行器官再生是木本植物一种有效和快速的繁殖方式。然而，对于很多木本植物来说，改变培养基中激素含量和种类、改变培养基成分和培养条件仍很难实现茎和/或的再生。到目前为止，人们对有关器官再生过程中表观遗传调控作用还不了解。本研究利用组蛋白去乙酰化酶特异性抑制剂 TSA 进行处理来研究 HDAC 在杨树根再生和发育中的功能。研究结果表明，TSA 处理降低了根中 HDAC 酶活性，抑制了根的再生及主根的生长。此外，通过构建数字基因表达谱（digital gene expression，DGE），鉴定不同 TSA 浓度下根中差异表达基因及信号途径，为研究根发育的表观遗传调控机制奠定基础。

5.4.1.1　TSA 调控根的再生和发育

为了研究 TSA 对根再生、生长和发育的影响，将杨树茎段放置在分别添加 0μmol/L、1μmol/L 和 2.5μmol/L TSA 的生根培养基（woody plant medium，WPM）上进行生根培养。在每种浓度的培养基上，至少培养 45 个茎段，这些茎段再生的根均具有相同的表型（图 5-22）。茎段在不添加 TSA 的培养基上生长 6 天时，根从茎的基部再生出来，根长达到 1cm 左右。当茎段在含有 TSA 的培养基上培养时，根再生受到抑制。茎段在含有 1μmol/L TSA 的培养基上生长 6 天时，根能够再生，根长约 0.5cm；而茎段在含有 2.5μmol/L TSA 的培养基上生长 6 天时，根不能再生。这些茎段在含有 TSA 的生根培养基上继续生长，当培养 2 周时，根的生长明显受到抑制（图 5-23A）。1μmol/L 和 2.5μmol/L TSA 处理后，根中 HDAC 酶活性分别下降了 47% 和 62%（图 5-23B）。TSA 处理显著降低了根的长度（图 5-23C）和根数目（图 5-23D），并表现出剂量依赖性特征。此外，在含有 2.5μmol/L TSA 的培养基上生长的根比较粗。为了确定根变粗的原因，采用半薄切片的方法分析了根部细胞形态和结构。结果显示，根皮层细胞数目增多，而细胞大小未见明显改变（图 5-24）。这些研究结果表明，HDAC 对于杨树根的再生、生长和发育是必不可少的。

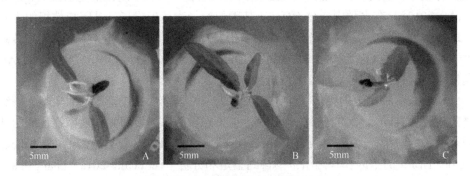

图 5-22　TSA 抑制毛果杨根的再生

毛果杨茎段在含有 0μmol/L（A）、1μmol/L（B）和 2.5μmol/L（C）TSA 的培养基上生根

5.4.1.2　数据基因表达谱（DGE）建立和标签定位

为了研究 TSA 调控杨树根生长和发育的分子机制，对 TSA 处理条件下的根

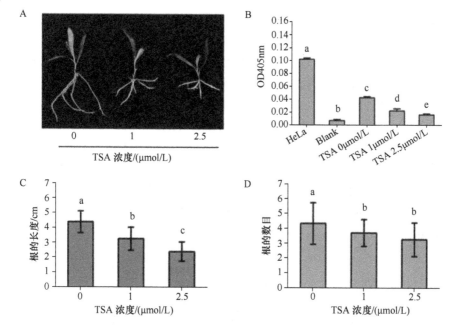

图 5-23　TSA 抑制毛果杨根的生长（彩图请扫封底二维码）

毛果杨根在含有 TSA 的培养基上生长 2 周（A），TSA 抑制根中 HDAC 的活性（B）、
根的生长（C）和根数目（D）

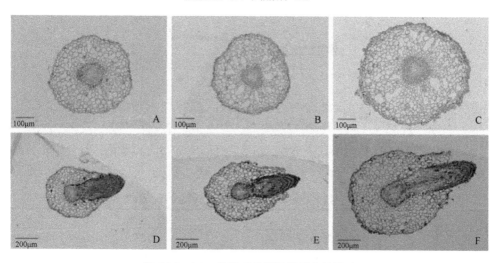

图 5-24　TSA 处理对毛果杨根形态的影响

A～C. 根尖横切面；D～F. 根中部横切面；A、D. 根在不含 TSA 的培养基上生长；B、E. 根在
含 1μmol/L TSA 的培养基上生长；C、F. 根在含 2.5μmol/L TSA 的培养基上生长

进行了数字基因表达谱（DGE）分析。杨树的根在含 0μmol/L、1μmol/L 和 2.5μmol/L
TSA 的 WPM 培养基上生长，制备每个 TSA 处理浓度下根的总 RNA，建立相应
的数字基因表达谱文库，分别命名为 T0、T1 和 T2.5（表 5-9）。T0、T1 和 T2.5

文库分别得到 4 816 584、4 906 668 和 4 805 265 个原始序列标签（tag）。去除只含接头的序列、含有未知核苷酸"N"的低质量标签和拷贝数量< 2 的标签后，3个文库剩余的高质量标签（clean tag）的数目分别为 4 453 843（92.5%）、4 620 879（94.2%）和 4 504 396（93.7%）。T0、T1 和 T2.5 文库所含有的不同标签（distinct tag）数目分别为 372 060、322 043 和 338 137 个，其中高质量标签种类数（distinct clean tag）分别为 166 167（44.7%）、143 103（44.4%）和 153 507（45.4%）。总标签和高质量标签种类数拷贝数目表明 3 个文库具有很高的相似性（图 5-25），即随着高质量标签种类数拷贝数目的增加，其百分含量逐渐下降。对于每个文库，大约 71% 的转录子表达量比较低（<10 拷贝），转录子拷贝数目在 11~100 的约占 24%，而只有~5% 的转录子表达水平较高（>100 拷贝）。由此可见，毛果杨根中大多数基因的表达水平较低，只有少数基因表达量较高。

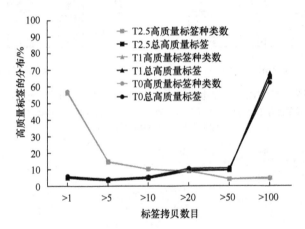

图 5-25 3 个文库中高质量标签的分布（彩图请扫封底二维码）

黑色代表总高质量标签的分布，蓝色代表高质量标签种类数的分布

为了分析 DGE 数据所代表的意义，3 个 DGE 文库的高质量标签分别定位到杨树基因组上，只允许 1bp 的错配（表 5-9）。T0、T1 和 T2.5 DGE 文库分别有

表 5-9 数字基因表达谱（DGE）标签分类和数量

标签		T0	T1	T2.5
原始数据	总数量	4 816 584	4 906 668	4 805 265
	标签种类数	372 060	322 043	338 137
高质量标签	总数量	4 453 843	4 620 879	4 504 396
	标签种类数	166 167	143 103	153 507
定位到基因的所有标签	总数量	1 211 139	889 173	1 180 631
	占高质量标签数的百分比	27.19%	19.24%	26.21%
	标签种类数	64 057	45 678	59 848
	标签种类数占高质量标签数的百分比	38.55%	31.92%	38.99%

续表

标签		T0	T1	T2.5
定位到唯一基因的标签	总数量	1 207 720	885 861	1 176 439
	占高质量标签的百分比	27.12%	19.17%	26.12%
	标签种类数	63 895	45 557	59 683
	标签种类数占高质量标签数的百分比	38.45%	31.84%	38.88%
标签所定位的所有基因	数量	20 423	17 990	19 966
	占参考基因数的百分比	45.35%	39.95%	44.34%
标签唯一定位的基因	数量	20 376	17 947	19 907
	占参考基因数的百分比	45.25%	39.85%	44.21%
定位到杨树基因组的标签	总数量	2 909 567	3 341 569	3 038 306
	占高质量标签数的百分比	65.33%	72.31%	67.45%
	标签种类数	83 956	78 922	78 929
	标签种类数占高质量标签数的百分比	50.53%	55.15%	51.42%
未知标签	总数量	333 137	390 137	285 459
	占高质量标签数的百分比	7.48%	8.44%	6.34%

50.53%、55.15%和 51.42%的高质量标签种类数定位到杨树基因组上，分别有 38.45%、31.84%和 38.88%的高质量标签种类数定位到 unigene 数据库，分别有 10.93%、12.93%和9.6%的高质量标签种类数没有定位到虚拟标签数据库（unigene virtual tag database）。

5.4.1.3　差异表达基因

根据 Audic 和 Claverie 的方法（Audic and Claverie，1997），采用严格的算法筛选 T0、T1 和 T2.5 这 3 个文库彼此间差异表达的基因。文库中标签出现的频率代表了其表达水平。标签倍数变化分布显示，大多数标签表达水平相近。在 1μmol/L 和 2.5μmol/L TSA 处理后，标签表达量变化一般<5 倍，最高表达量变化也不超过 20 倍（图 5-26）。1μmol/L TSA 处理后，99.67%标签的表达量变化<5 倍，而只有 0.08%标签表达量上调了 5 倍以上，0.25%标签的表达量下调了 80%以上（图 5-26A）。2.5μmol/L TSA 处理后，99.76%标签的表达量变化<5 倍，而只有 0.1%标签表达量上调了 5 倍以上，0.14%标签的表达量下调了 80%以上（图 5-26B）。

在本研究中，FDR（false discovery rate）≤0.001 和表达水平变化 2 倍以上作为判断基因表达差异是否显著的标准（图 5-27A、B）。红色点代表 T1 和 T2.5 文库中（与 T0 文库相比较）表达量升高 2 倍的转录子，绿色点代表表达量降低 50% 的转录子，蓝色点代表表达量变化小于 2 倍的转录子。T1 和 T2.5 文库中分别检测到 1404 和 563 个差异表达基因（图 5-27C）。在这些差异表达基因中，有 313 个基因是 T1 和 T2 两个文库所共有的（图 5-27D）。TSA 处理后，杨树根中大部

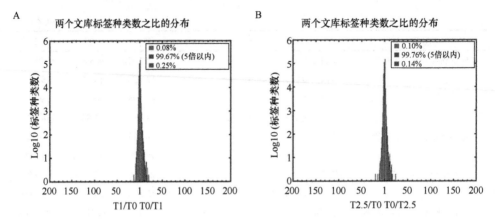

图 5-26　T1 和 T2.5 文库差异表达的标签（彩图请扫封底二维码）

T1（A）和 T2.5（B）文库的标签表达水平相近；"x" 轴代表差异表达标签的倍数变化，"y" 轴代表标签的数目，红色表示变化倍数小于 5 的标签，绿色和蓝色分别表示上调超过 5 倍和下调超过 80%变化的标签

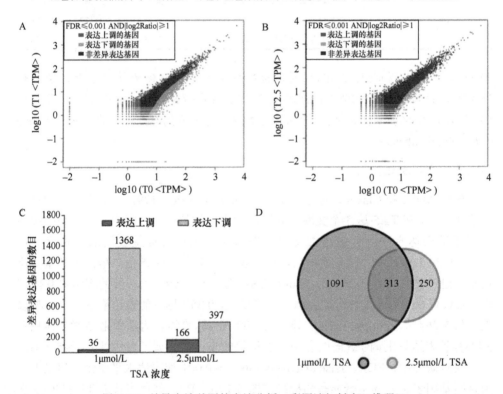

图 5-27　差异表达基因的表达分析（彩图请扫封底二维码）

1μmol/L TSA（A）和 2.5μmol/L TSA（B）处理条件下根中基因表达水平，"x" 轴代表每百万个非 TSA 处理根中转录子的 log10 值，"y" 轴代表每百万个 TSA 处理根中转录子的 log10 值，红色点代表与 T0 文库相比 T1 和 T2.5 文库中表达量上调超过 2 倍的转录子，绿色点代表表达量下调超过 50%的转录子；TSA 处理后根中上调和下调的基因数目（C），1μmol/L 和 2.5μmol/L TSA 处理的根中共同的差异表达基因（D）

分基因的表达是下调的。1μmol/L TSA 处理后，36 个基因表达上调，1368 个基因表达下调；而 2.5μmol/L TSA 处理后，166 个基因表达上调，397 个基因表达下调（图 5-27C）。大部分差异表达基因均获得功能注释，有一些基因的功能还没有得到很好的解析或功能仍然未知。

5.4.1.4　差异表达基因的 GO 功能显著性富集分析

为了更好地理解这些差异表达基因的生物学功能，对这些基因进行了 GO（gene ontology）富集分析。GO 共有 3 个本体（ontology），分别描述基因所处的细胞位置（cellular component）、分子功能（molecular function）和参与的生物过程（biological process）。每个本体由 term（词条、节点）组成。GO 功能显著性富集分析是利用超几何检测将所有的差异表达基因向 GO 数据库中各 term 映射，找出与整个基因组背景相比在差异表达基因中显著富集的 GO 条目。计算公式为

$$P = 1 - \sum_{i=0}^{m-1} \frac{\binom{M}{i}\binom{N-M}{n-i}}{\binom{N}{n}}$$

计算得到的 P 通过 Bonferroni 校正之后，以校正后的 $P \leqslant 0.05$ 为阈值，满足此条件的 GO term 定义为在差异表达基因中显著富集的 GO term。与 T0 文库比较，在 T1 文库中一共有 1182 个差异表达基因可分类到 3 个本体，其中 616 个基因为显著富集的 GO terms（$P \leqslant 0.05$），并归类为 22 个不同的功能组（图 5-28）。在 T2.5 文库中，一共 448 个差异表达基因可分类到 3 个本体中，其中 208 个基因为显著富集的 GO term（$P \leqslant 0.05$），并归类为 9 个不同的功能组（图 5-28）。在 1μmol/L TSA 处理条件下，根中大多数差异表达基因与细胞位置（cellular component）和生物过程（biological processes）有关。而在 2.5μmol/L TSA 处理条件下，根中大多数差异表达基因与分子功能有关，GO term 包括转运因子（active transporter activity）、铁离子结合（iron ion binding）、抗氧化活性（antioxidant activity）、氧化还原酶活性（oxidoreductase activity）、配对供体氧化还原酶活性（oxidoreductase activity acting on paired donors）和铜转运 ATP 酶活性（copper-transporting ATPase activity）。对于 T1 和 T2.5 文库，它们共同的 GO term 包括转运因子、刺激应答反应（response to stimulus）和胁迫应答反应（response to stress）。

5.4.1.5　差异表达基因的信号途径分析

为了进一步分析 T1 和 T2.5 文库中差异表达基因的功能，将这些基因映射到 KEGG（kyoto encyclopedia of genes and genomes）数据库中的 term，以鉴定显著富集的代谢或信号转导途径（图 5-29）。在含有 1μmol/L TSA 的培养基上，毛果杨幼苗的根有 4 个信号途径显著富集（$Q \leqslant 0.05$），这些信号途径上的基因表

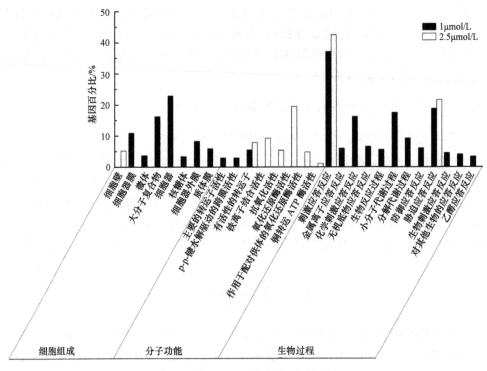

图 5-28　差异表达基因的 GO 分析

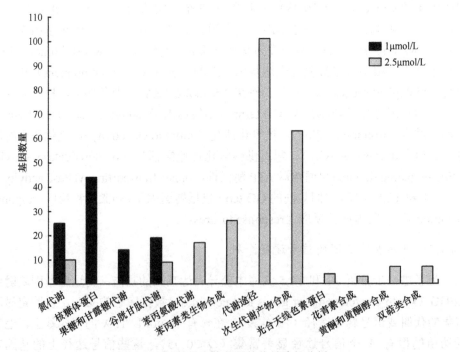

图 5-29　差异表达基因的信号途径分析

达呈下降趋势。这 4 个富集的信号途径分别为氮代谢（nitrogen metabolism，25 个基因）、核糖体蛋白（ribosomal protein，44 个基因）、果糖和甘露糖代谢（fructose and mannose metabolism，14 个中有 12 个基因）及谷胱甘肽代谢（glutathione metabolism，19 个中有 18 个基因表达量下调）。氮代谢对于植物的生长和发育十分重要，蛋白质在核糖体上合成，因此参与这些过程的基因表达量下调会严重影响根正常的生长和发育。在含有 2.5μmol/L TSA 的培养基上，有 10 个信号途径显著富集（$Q≤0.05$），其中前两个富集的信号途径分别为代谢（metabolic，101 个基因）和次生代谢的合成（biosynthesis of secondary metabolites，63 个基因）。在这些显著富集的信号途径中，氮代谢 10 个基因、光合天线色素蛋白（photosynthesis-antenna proteins）4 个基因、花青素合成途径（anthocyanin biosynthesis）3 个基因、双萜类合成途径（diterpenoid biosynthesis）7 个基因中的 6 个、苯丙素类合成路径（phenylpropanoid biosynthesis）26 基因中的 17 个、黄酮和黄酮醇合成途径（flavones and flavonol biosynthesis）7 个基因中的 5 个表达量显著下降。一些信号途径中的基因如苯丙氨酸代谢途径（phenylalanine metabolism）17 个基因中的 9 个和谷胱甘肽代谢途径（glutathione metabolism）9 个基因中的 6 个表达量显著提高。代谢途径、双萜类/GA 合成途径及氮代谢途径对于植物的生长和发育十分重要，而黄酮和黄酮醇合成途径、花青素合成途径和苯丙素类合成途径在植物防御反应中具有十分重要的作用（Men et al.，2013；He et al.，2010）。

5.4.1.6　TSA 在 GA 合成途径中的作用

赤霉素（gibberellin，GA）是四环二萜类分子，调控植物的生长发育，如种子萌发、茎伸长、开花、果实发育、昼夜节律和光调控（Yamaguchi et al.，1998）。GA 在根生长发育中也具有十分重要的调控作用。在本研究中，培养基中添加 2.5μmol/L TSA 2 周后，根中 GA 合成途径中 *KO*、*KAO*、*GA20ox* 和 *GA3ox* 4 个基因的表达水平显著下调（图 5-30）。*KO*（Potri.002G129700）编码内根-贝壳杉烯氧化酶（ent-kaurene oxidase），*KAO*（Potri.014G179100）编码内根-贝壳杉烯酸氧化酶（ent-kaurenoic acid oxidase）；基因 Potri.001G176000 和 Potri.001G175800 是拟南芥 *GA20ox* 和 *GA3ox* 基因的同源分子，分别编码 GA-20 氧化酶（GA 20-oxidase）和 GA-3 氧化酶（GA 3-oxidase）。

利用实时荧光定量 PCR 的方法，对这 4 个基因的表达进行鉴定（图 5-31）。实时荧光定量 PCR 的结果与表达谱得到的数据一致。这些研究表明，HDAC 酶活性的抑制会引起 GA 合成途径相关基因表达的下降。

5.4.1.7　实时荧光定量 PCR 验证差异表达基因的表达

为了验证表达谱检测到的表达差异的基因，选取 9 个基因进行实时荧光定量 PCR 检测（图 5-32）。这 9 个基因包括与根发育相关的 2 个基因，即 Potri.006G138500

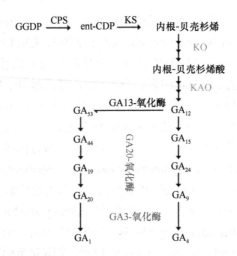

图 5-30　毛果杨根中 GA 合成途径（彩图请扫封底二维码）

2.5μmol/L TSA 处理 2 周时毛果杨根中 GA 合成途径相关基因的表达变化，绿色代表表达量显著下调的酶。GGDP. geranylgeranyl diphosphate（香叶基香叶基焦磷酸）；ent-CDP. ent-copalyl diphosphate（内根-柯巴基焦磷酸）；CPS. ent-copalyl diphosphate synthase（内根-柯巴基焦磷酸合成酶）；KS. ent-kaurene synthase（内根-贝壳杉烯合成酶）；KO. ent-kaurene oxidase（内根-贝壳杉烯氧化酶）；KAO. ent-kaurenoic acid oxidase（内根-贝壳杉烯酸氧化酶）

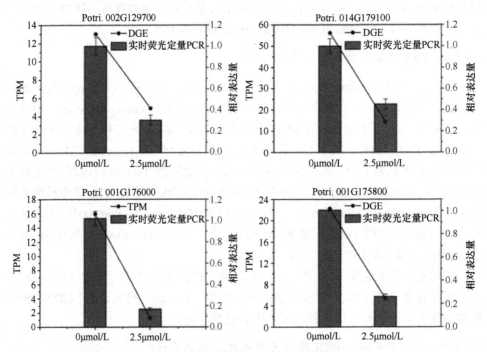

图 5-31　实时荧光定量 PCR 验证 GA 合成相关基因的表达

Potri. 002G129700（*KO*），Potri. 014G179100（*KAO*），Potri. 001G176000 和
Potri. 001G175800（*GA20ox* 和 *GA3ox*）

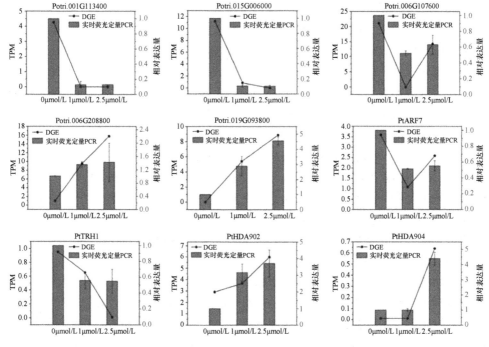

图 5-32　实时荧光定量 PCR 分析表达谱获得的差异表达基因

相对表达量利用 $2^{-\Delta\Delta Ct}$ 公式计算；TPM. transcript per million mapped reads

（auxin response factor 7，*ARF7*）和 Potri.003G133900（tiny root hair 1，*TRH1*），以及 2 个杨树 *HDAC* 基因，即 Potri.009G170700（*HDA902*）和 Potri.001G460000（*HDA904*）。实时荧光定量 PCR 的结果与表达谱获得的这 9 个基因的表达模式一致。有趣的是，TSA 处理能够影响杨树 *HDA902* 和 *HDA904* 基因的表达。

5.4.1.8　讨论与结论

1. 讨论

1）TSA 对根再生的调控

植物组织培养是许多木本植物快速、有效的扩繁方式。在木本植物如杨树和白桦中，不定芽通常在含有一定激素的培养基上培养来诱导不定根的再生。通常采用调整激素（如生长素和分裂素）、培养基成分及培养条件（如温度、湿度和光照）的方法提高根的再生率。即便采用这些方法，对于很多木本植物来说不定根的再生仍然非常困难。至今为止，有关不定根再生的表观遗传调控仍知之甚少。本研究利用 HDAC 特异性抑制剂 TSA 处理来研究 HDAC 在杨树不定根再生中的功能。结果表明，TSA 处理抑制了不定根的再生（图 5-22），表明不定根再生需要 HDAC 的存在。这些研究结果为那些难于获得再生植株的木本植物提高器官再生率提供了新思路和方法。

2）差异表达基因（DEG）

组蛋白去乙酰化酶（HDAC）催化组蛋白去乙酰化，通常与基因转录的抑制有关。TSA 作为 HDAC 特异性抑制剂，一般被认为具有提高组蛋白乙酰化水平和增强基因转录的功能。然而，在 TSA 处理尤其是 1μmol/L TSA 处理条件下，杨树根中绝大部分差异表达基因的表达是下调的。因此，组蛋白乙酰化对于基因的活化具有正调控或负调控的作用。在酵母中，组蛋白去乙酰化不仅能抑制一些基因的转录，还会促进某些基因的转录（Tschaplinski et al.，2006）。利用芯片的方法，Wang 等（2013）研究了拟南芥 AtHDA19 T-DNA 插入突变体（athd1-t1）中基因的表达，发现超过 7%的基因转录发生改变；在拟南芥 athd1-t1 突变体的叶和花中，表达水平上调和下调的基因数目几乎是等量的。这些研究说明组蛋白乙酰化可以活化或抑制基因的转录，与本研究的结果一致。在本研究中，杨树茎段在含有不同浓度 TSA（0μmol/L、1μmol/L 和 2.5μmol/L）的 WPM 培养基上再生不定根。杨树不定根的再生和生长受 TSA 抑制，这种抑制作用具有剂量依赖性特征，这与拟南芥中的现象一致（Yang et al.，2006）。为了明确 TSA 所调节的基因表达是否也具有剂量依赖性，对 T0、T1 和 T2.5 这 3 个文库中基因的表达水平进行了比较。比较后发现，不同浓度 TSA 处理条件下，仅有 3 个基因的表达体现了剂量依赖性，暗示 TSA 引起的基因表达变化不存在 TSA 剂量依赖性。在 T1 文库中，大多数差异表达基因（1091 个）在 T2.5 文库中不存在；而在 T2.5 文库中，几乎一半的差异表达基因在 T1 文库中找不到，表明不同浓度的 TSA（1μmol/L 和 2.5μmol/L）引起不同系列的基因表达发生变化。这些基因表达的差异，在一定程度上可以解释不同 TSA 浓度下根具有不同的表型。

3）胁迫应答基因

本研究中，在添加有 TSA 的培养基中，杨树幼苗根生长受到抑制（图 5-23）。众所周知，盐、低温、干旱及重金属胁迫均能导致植物体内活性氧（reactive oxygen species，ROS）的积累及根生长受到严重抑制。我们分析了 TSA 处理下生长 2 周的杨树根中活性氧的积累，结果表明杨树根中活性氧的积累没有明显增加（图 5-33）。此外，采用实时荧光定量 PCR 的方法，分析了 TSA 处理的根中编码活性氧清除酶如 SOD（superoxide dismutase）、CAT（catalase）、POD（peroxidase）和 GTS（glutathione S-transferase）的基因的表达水平。搜索 NCBI（national center for biotechnology information）数据库寻找杨树中编码这 4 种活性氧清除酶的基因，一共得到 10 个有关的序列信息，并且在表达谱中也有结果记录。TSA 处理条件下，这 10 个基因没有一个基因的表达是显著升高的；而且其中 4 个基因分别编码 CAT（Potri.002G009800 和 Potri.005G100400）、PO2 和 GST U45 的表达水平显著下降（图 5-34）。根据 TSA 处理条件下根中活性氧的积累，以及编码活性氧清除酶基因的表达水平，我们推断 TSA 对杨树根生长的抑制不是由活性氧的积累导致的。

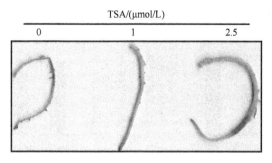

图 5-33 TSA 处理条件下根中 ROS 的积累
毛果杨根在含有不同浓度 TSA 的培养基上生长 2 周，DAB 染色检测 H₂O₂ 的积累

在本研究中，T1 和 T2.5 文库所共有的 GO term 包括活性转运因子、刺激应答反应和胁迫应答反应，暗示在杨树根中 HDAC 与刺激/胁迫应答反应之间似乎存在相关性。目前，在草本植物拟南芥、水稻和玉米中的研究表明，HDAC 参与胁迫应答反应。*HDAC* 基因的表达受植物激素如脱落酸（abscisic acid，ABA）、

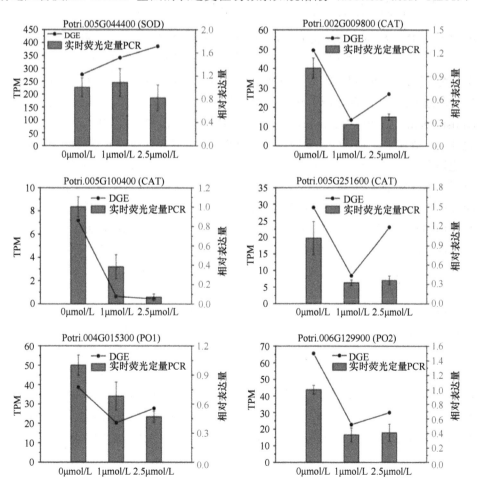

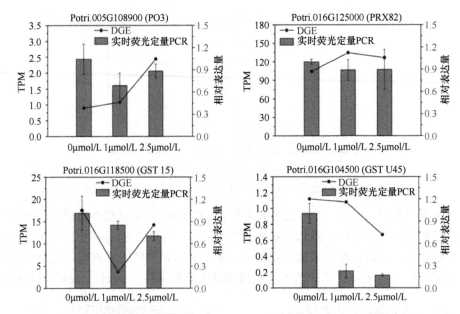

图 5-34　实时荧光定量 PCR 分析 TSA 处理后根中 ROS 清除基因的表达（彩图请扫封底二维码）

相对表达量利用 $2^{-\Delta\Delta Ct}$ 公式计算；TPM. transcript per million mapped reads

茉莉酸（jasmonic acid，JA）、水杨酸（salicylic acid，SA）、乙烯（ethylene）及非生物胁迫（盐、干旱和低温）或生物胁迫的调节（Luo et al.，2012；Hu et al.，2011；Alinsug et al.，2009；Demetriou et al.，2009；Fu et al.，2007；Zhou et al.，2005）。此外，在植物中，由于过量表达、突变和 RNAi 抑制表达等引起的 HDAC 水平的变化均会影响胁迫应答反应相关基因的表达（Ma et al.，2013）。在本研究中，杨树根中 HDAC 酶活性被 TSA 抑制后，编码 ROS 清除酶 CAT、POD 和 GST 的基因表达水平也下调，说明 HDAC 参与活性氧的清除。根据其他植物中的研究结果及我们的研究发现，我们推测 TSA 抑制 HDAC 酶活性会减弱 HDAC 对靶基因的转录调控，进而导致胁迫/刺激应答反应相关基因的转录水平发生改变。上述这些研究结果表明，刺激/胁迫应答反应相关基因的转录受 HDAC 直接或间接的调控。

4）根发育相关基因

植物根发育是一个十分复杂的过程。模式植物拟南芥中的研究使人们对根发育有了更多的了解。到目前为止，人们对拟南芥根发育相关基因的功能，基因调控网络，根发育调节机制，以及胁迫条件下根的发育研究得比较清楚（Wilson et al.，2013；Petricka et al.，2012）。在拟南芥中，许多根发育相关基因已经被鉴定出来，这些基因参与根发育的不同过程，如根模式、干细胞的维持、分生组织大小的控制、木质部模式、根毛模式、侧根形成、侧根出现和生长（Wilson et al.，2013；Petricka et al.，2012）。我们分析了 TSA 处理条件下差异表达基因中根发育相关基因的表达，在 T1 和 T2.5 文库中，一共有 12 个基因与根发育有关。在植物胚发育过程中，根尖分生组织 RAM（root apical meristem）建立，并为根的形成和生长提供新的细胞。在 RAM 的顶端，存在一个静止中心（quiescent center，QC），是一组分裂活性较弱的细胞。而围绕 QC 有一层初始细胞，即干细胞（Wilson et al.，2013；Petricka et al.，2012）。干细胞可以形成维管、内皮、皮层、表皮、侧根根冠和根冠。QC 可以通过 WOX5（wuschel-related homeobox 5）基因的表达维持它自身周围干细胞的特性。而 WOX5 基因的表达受 CLE40（clavata3/embryo surrounding region）及 ACR4（receptor-like kinase Arabidopsis crinkly 4）的调控（Wilson et al.，2013；Petricka et al.，2012）。QC 特性由 PLT（plethora）信号途径及 GRAS [gibberellin insensitive（GAI），repressor of ga1-3（RGA），SCR]家族中的 SHR（short root）/ SCR（scarecrow）转录因子确定。在拟南芥中，ACR4 是促进中柱鞘细胞分裂的关键因子（de Smet et al.，2008），SHR 突变（shr）会明显降低根的生长（Helariutta et al.，2000）。植物维管系统由木质部和韧皮部构成，将水分、营养物质、光合作用产物运送至茎或从茎运出。拟南芥同源结构域-亮氨酸拉链家族成员 ATHB-8 在维管组织表达并调节细胞的增殖和分化。拟南芥 ATHB-8 基因的过量表达降低了转基因植株根及侧根的数目（Baima et al.，2001）。同时，转基因植株根的直径明显大于野生型植株，显示出 ATHB-8 在根次生生长中的作用。在本研究中，TSA 处理抑制了杨树根中 ACR4 和 SHR 基因的表达，提高了 ATHB-8 基因的表达。根据拟南芥中基因表达变化与根表型改变间的关系，杨树中这些基因表达的变化在一定程度上影响了根的表型。

在根的分生区，一个典型的特征是根毛的产生。根毛对于水分和营养的吸收及土壤固定都具有十分重要的作用。根分生组织（RAM）所产生的表皮细胞可以成为根毛细胞或非根毛细胞，这与它们相对于皮层细胞的位置有关。当表皮细胞位于两个皮层细胞之间时，将会发育成为根毛细胞；当表皮细胞与单个皮层细胞相邻时，将发育成非根毛细胞（Wilson et al.，2013；Petricka et al.，2012）。在拟南芥中，根细胞分化模式形成是由 6 个基因决定的，这 6 个基因分别是 CPC（caprice）、ETC（enhancer of try and cpc）、GL2（glabra 2）、GL3、EGL3（enhancer of glabra 3）和 TTG（transparent testa glabra）。在非根毛细胞，转录因子 GL3、TTG1、EGL3 和 WER 组成复合物，直接活化根毛细胞抑制因子 GL2 和 CPC 的表达。CPC 进入相邻细胞，取代转录因子复合物中的 WER，导致转录因子复合物失活，因而根毛细胞抑制因子 GL2 不能活化，这种细胞最终形成根毛细胞的特性。Xu 等（2005）报道，TSA 处理能够显著改变拟南芥根细胞分化模式形成基因 CPC、GL2 和 WER（WEREWOLF）的表达。在本研究中，在 1μmol/L 和 2.5μmol/L TSA 处理下，根细胞分化模式形成相关基因 TTG1（Buer and Djordjevic，2009；Obara et al.，2005；Galway et al.，1994）和 GL2（Di Cristina et al.，1996；Masucci et al.，1996；Galway et al.，1994）的表达水平显著降低。这些研究结果表明，HDAC 参与杨树根毛形成的调控。

根系包括主根和侧根。侧根最初形成是从根分生区邻近木质部端的中柱鞘细胞开始。中柱鞘细胞进行一系列非对称性的、横向的或平周的分裂，而后形成圆顶状的侧根原基（lateral root primordium，LRP），并由 LRP 发育成侧根（Marchant et al.，2002）。侧根的发育受到生长素的调控，涉及生长素合成，生长素运输，以及细胞对生长素适当的反应。生长素的运输对于侧根形成很重要。拟南芥 AUX1 是一个潜在的生长素内向运载分子。*AUX1* 基因突变会导致根中 IAA 含量减少，突变体（*aux1*）侧根原基（LRP）数目减少，侧根数目也减少（Marchant et al.，2002）。在侧根形成和发育过程中，许多基因的表达受生长素的调控。生长素应答基因的表达主要由 *ARF*（auxin-response factor）和 *Aux/IAA*（auxin/indole-3-aceticacid）这两个基因家族调节。ARF 是生长素应答基因的转录活化因子，对于侧根的形成具有正调控作用；而 Aux/IAA 能够抑制特定 ARF 的活性。在生长素存在的情况下，生长素与其受体 TIR1（transport inhibitor response 1）结合，生长素-受体复合物促使泛素-连接酶复合物将 Aux/IAA 降解掉。Aux/IAA 的降解使得 ARF 转录因子如 ARF7 和 ARF19 的活性得以恢复，进而促进了生长素应答基因的表达及侧根的形成（Petricka et al.，2012）。在拟南芥中，*ARF7* 和 *ARF19* 基因双突变（*arf7/arf19*）强烈抑制了侧根在初期阶段的形成（Okushima et al.，2007）。此外，MP（monopteros）/ARF5 是另外一个侧根发育的重要调控因子。拟南芥 *ARF* 突变体（*arf5-1*）不能形成根分生组织（Okushima et al.，2005）。*ARF5* 在拟南芥中过量表达，会引起侧根发育的异常，如侧根起始位点过于密集，侧根原基空间分布异常（de Smet et al.，2010）。这些研究表明，ARF5 参与侧根的形成。在本研究中，杨树侧根形成和主根生长受到 TSA 抑制，尤其是 2.5μmol/L TSA 的抑制（图 5-24A）。通过表达谱分析发现，一些与侧根发育相关的基因如 *ARF5*（Fukaki et al.，2006）、*ARF7*（Okushima et al.，2007）和 *AUX1*（auxin resistant 1）（Marchant et al.，2002，Hobbie and Estelle，1995）的表达量均不同程度地降低，尽管降低值没有达到统计学上的显著性。根据这些基因在拟南芥中的功能，杨树根中这类基因表达的下降可能在一定程度上抑制侧根的形成。此外，最近研究发现拟南芥编码 F-box 蛋白的 *SKP2B*（S-phase kinase-associated protein 2B）基因在细胞周期和侧根形成过程具有负调控作用（Manzano et al.，2012）。*SKP2B* 基因启动子区组蛋白 H3 受乙酰化调节，这种乙酰化调节是生长素和 IAA14 依赖性的。与野生型相比，拟南芥 *skp2b* 突变体的根较长，侧根较多（Manzano et al.，2012）。在本研究中，在正常情况下杨树根中 *skp2b-like* 基因（Potri.005G185700）的表达是检测不到的；而在 TSA 处理条件下，*skp2b-like* 基因表达量显著提高，尤其是在 2.5μmol/L TSA 处理条件下。据此推测，在杨树中 SKP2B 可能与 TSA 处理引起的根较短和侧根较少有关。

5）GA 信号途径

GA 对于植物主根生长和侧根发育非常重要（Gou et al.，2010；Yaxley et al.，2001；Inada and Shimmen，2000）。很多研究表明，GA 处理，GA 合成抑制剂处理，改变 GA 信号途径中基因的表达，以及 GA 合成途径基因的突变均能影响植物根的生长。GA 在促进根生长方面具有负调控或正调控作用。Gou 等（2010）的研究表明，GA 的缺失会促进根的生长和侧根的发育。GA 缺失（35S: *PcGA2ox1*）和 GA 不敏感（35S: *rgl1*）转基因杨树侧根数目和侧根长度增加，而 GA 处理会产生相反的效果（Gou et al., 2010）。虽然在 Gou 等（2010）的研究中 GA 对根生长和发育具有负调控作用，仍然有很多研究报道指出 GA 在根系发育中具有正调控作用。DELLA 蛋白作为生长负调控因子抑制 GA 信号途径。在拟南芥中，GA 处理会促进根伸长区表皮、皮层、内皮层、中柱鞘组织中 DELLA 蛋白 GA1-3（RGA）和 GAI（gibberellin insensitive）的降解，进而促进根的生长（Ubeda-Tomas et al., 2008）。*GAI* 发生突变（*gai*）使得 GAI 蛋白免于 GA 依赖性降解，这种 *gai* 突变体的根的生长显著受到抑制。Un-P（uniconazole P）是 GA 合成抑制剂，10nmol/L 和 100nmol/L Un-P 处理能够显著抑制浮萍（*Lemna minor*）根的生长（Inada and Shimmen，2000）。在豌豆中，*na*、*lh-2* 和 *ls-1* 这 3 个基因编码催化 GA 合成的酶（Reid and Ross，1993），*na*、*lh-2* 或 *ls-1* 基因发生突变会降低根中 GA 的含量，导致根长分别降低 50%、<15%及<15%（Yaxley et al., 2001）。这些研究结果显示，GA 在根生长中具有正调控作用。在拟南芥中，GA 的生物合成主要由 CPS（copalyl diphosphate synthase）、KS（ent-kaurene synthase）、KO、KAO、GA 20-oxidase 和 GA 3-oxidase 酶催化（Gou et al., 2010）。在本研究中，2.5μmol/L TSA 处理影响杨树根中 GA 合成途径（图 5-31），GA 生物合成途径中有 4 个基因包括 *KO*、*KAO*、*GA20ox* 和 *GA3ox* 的表达下调（图 5-32）。在杨树中，TSA 引起的根生长抑制可能与 GA 生物合成途径中相关基因表达的抑制有关。这些研究发现揭示了 HDAC 在 GA 合成中的调控作用。

2. 结论

木本植物组蛋白去乙酰化酶（HDAC）基因的功能研究鲜有报道。本研究分析了组蛋白去乙酰化酶抑制剂 TSA 处理对毛果杨根再生和根生长发育的影响。研究结果表明，HDAC 酶活性受到抑制后，毛果杨根的再生和生长受到严重抑制。表达谱分析表明，1μmol/L TSA 处理后，36 个基因表达水平上调，1368 个基因的表达水平下调；2.5μmol/L TSA 处理后，166 个基因表达水平上调，397 个基因的表达水平下调。GO 聚类分析显示，TSA 处理引起多个分子功能和生物学过程发生改变。信号转导途径分析表明，TSA 处理显著抑制赤霉素合成途径相关基因的表达。这些研究结果说明杨树根的再生和生长受乙酰化调控；表达谱分析鉴定出众多受 TSA 调控的基因，为研究杨树根发育的表观遗传调控机制提供了大量信息。

5.4.1.9 材料和方法

1. 植物生长和 TSA 处理

毛果杨幼苗及外植体（包括茎段、茎和再生植株）在（25±2）℃，相对湿度为 70%～80%，16h 光照/8h 黑暗的条件下培养。杨树幼苗切成茎段（每个茎段有一个腋芽），置于含有 0.1mg/L IBA 的 WPM 培养基上培养。培养 3 周后，将腋芽萌发形成的幼苗转移到含有 0μmol/L、1μmol/L 和 2.5μmol/L TSA 的 WPM 培养基上培养和生根。2 周后，统计再生植株根的数量和根长。数据统计学分析采用 one-way ANOVA（one-way analysis of variance）的 Tukey 多重比较检验，显著性水平定为 5%。在含有不同浓度 TSA 的培养基上生长 2 周的根经液氮速冻后保存在–80℃冰箱，用于后续 RNA 的提取。

2. HDAC 酶活性分析

收集 TSA 处理后的根，用于 HDAC 酶活性检测。HDAC 酶活性分析采用 HDAC Colorimetric Assay/Drug Discovery 试剂盒（Enzo Life Sciences），根据试剂盒说明进行实验。提取的蛋白质样品与含有乙酰化赖氨酸的底物在 37℃温育 30min。反应终止时向反应液中加入 developer，并在 37℃温育 15min。利用酶标仪（microtiter-plate reader）测定在 405nm 波长下反应液的吸收值，进而确定 HDAC 酶活性。HeLa 细胞核提取物作为阳性对照，空白样品（无酶存在）为阴性对照。数据的统计分析采用 one-way ANOVA 的 Tukey 多重比较检测（$P \leqslant 5\%$）。

3. 半薄切片

选取根冠以上 1cm 和根中部材料进行固定，固定方法为 FAA（formalin-acetic acid-alcohol）固定 24h（Berlyn and Miksche，1976）。固定后，样品用乙醇脱水，然后用 100%异丙醇浸泡 10h，最后用 100%正丁醇浸泡 10h。脱水后的组织材料放置在乙二醇甲基丙烯酸酯（glycol methacrylate，GMA）中渗透。渗透完成后，放置在 GMA 中于 60℃凝固聚合过夜。切片用甲苯胺蓝（toluidine blue）染色，然后在显微镜下观察和拍照。

4. Solexa/illumine 测序和数据处理

利用 Trizol 试剂提取根的 RNA。利用 Qubit Fluorometer 测定 RNA 的浓度，利用 Bioanalyzer 2100（agilent technologies）测定 RNA 的完整性。这些 RNA 样品的 A260/A280 比值与 A260/A230 比值在 2.1 左右。为了进行 Solexa 测序，采用 Illumina Gene Expression Sample Prep 试剂盒建立 DGE 文库。单链分子固定在 Solexa 测序芯片（flowcell）上，利用 Illumina HiSeq™ 2000 系统进行测序。具体方法是：利用寡核苷 Oligo（dT）磁珠法，从 6μg 总 RNA 中纯化获得 mRNA。利用 Oligo（dT）引物和识别 CATG 位点的 NlaIII 限制性内切酶，合成第一和第二链 cDNA。纯化回收 3'端 cDNA 片段，并在回收片段的 5'端 CATG 位点处连接上 Illumina 接头 1。Illumina 接头 1 和 CATG 位点的连接处是限制性内切酶 Mme I 的识别位点。Mme I 是一种内切酶，具有独立的 DNA 识别位点和切割位点，它在

cDNA 的 5′端 CATG 位点下游 17bp 处切割 DNA，因而产生含有 Illumina 接头 1 的标签。利用磁珠沉淀法去除 cDNA 片段的 3′端，在标签的 3′端连接上 Illumina 接头 2，因此建立了两端连接有不同接头的标签文库。经过线性 PCR 扩增 15 个循环后，利用 6% TBE PAGE 凝结电泳回收 105bp 的 DNA 片段。经变性后，这些单链分子固定在 Illumina 测序芯片（flowcell）上。采用原位（*in situ*）扩增的方法，每一个分子转变成单分子簇测序模板，然后加入不同颜色标记的 4 种核苷酸，采用 SBS（sequencing by synthesis）方法进行测序。

5. 数据分析

利用碱基识别的方法将测序获得的原始图像数据转换为序列数据，也称原始数据或原始 reads。在原始数据中，空的标签（两个接头之间没有标签序列）、接头、低质量标签（含有未知核苷酸 "N" 的标签）、异常标签（太长或太短的标签）和单拷贝标签均被去除，留下高质量标签（clean tag，21bp）。为了鉴定杨树根中基因表达模式，所有高质量标签均映射到已经测序的、涵盖了所有可能的 CATG + 17-nt 标签序列的杨树基因组，只允许存在 1bp 错配。过滤掉能够映射到多个参考序列的高质量标签后，剩余的高质量标签认定为明确的标签。对于基因表达分析，计算每个基因高质量标签的数目，然后进行标准化处理，获得 TPM（transcripts per million）值，代表每一百万高质量标签中包含该种转录本的拷贝数（Morrissy et al.，2009；Hoen et al.，2008）。

6. 差异表达基因分析和筛选

根据 Audic 和 Claverie 的方法（Audic and Claverie，1997），采用严格的算法鉴定两个样品之间差异表达基因（DEG）。*P* 值对应于不同基因表达检测。利用 FDR（false discovery rate）来确定多重检测中 *P* 值的阈值。FDR≤0.001 和 |log2Rati|≥1 作为阈值用来判断基因表达差异的显著性。

7. GO 和信号途径富集分析

为了对差异表达基因（*DEG*）进行功能分类，进行了 GO 分析，将 DEG 映射到 GO 数据库（http://www.geneontology.org/）中的 term。为了进一步研究 DEG 的功能，通过搜索 KEGG 数据库（http://www.genome.jp/kegg/）进行信号途径富集分析（Kanehisa et al.，2008），鉴定出显著富集的 DEG 所参与的代谢途径和信号转导途径。此分析采用如下计算公式：

$$P = 1 - \sum_{i=0}^{m-1} \frac{\binom{M}{i}\binom{N-M}{n-i}}{\binom{N}{n}}$$

式中，*N* 代表具有 KEGG 功能注释的所有基因的数目，*n* 是 *N* 中差异表达基因

（*DEG*）的数目，*M* 是注释到特异信号通路的所有基因的数目，*m* 是 *M* 中差异表达基因（*DEG*）的数目。对于 GO 富集分析和信号途径富集分析，*P* 值 0.05 作为判断基因显著富集的阈值。

8. 实时荧光定量 PCR

利用 SYBR Premix Ex Taq Ⅱ Kit 试剂盒（TaKaRa）进行实时荧光定量 PCR 分析。PCR 反应体系为 20μl，样品为 3 次生物学重复，每次实验中每个样品进行 3 个 PCR 反应。PCR 反应条件如下：95℃ 3min；95℃ 30s，55℃ 30s，72℃ 30s，进行 44 个循环。对于每一个基因，利用在线程序 Primer3 设计引物，引物跨两个不同的外显子。所有基因扩增所得到的 Ct 值均以 18S RNA 为内参进行标准化处理。在基因表达分析中，基因的转录水平根据 $2^{-\Delta\Delta Ct}$ 公式进行计算。未经 TSA 处理（0μmol/L）的样品中每个基因的转录水平设定为 1，TSA 处理条件下每个基因的转录水平（*n*-fold）是相对于非处理（0μmol/L）条件下该基因转录水平的倍数。

9. DAB 染色

杨树根浸泡在 DAB（diaminobenzidine）溶液（1mg/mL，pH 3.8）中过夜。样品浸泡在 95%乙醇中进行脱色，然后煮沸 10min。

5.4.2　HDAC 在毛果杨不定芽再生中的功能

木本植物组织培养体系的研究主要集中在培养基种类、盐浓度、生长调节物质、碳水化合物、光照和温度等方面，而表观遗传调控对木本植物再生和发育的影响很少有报道。毛果杨是木本植物研究的一种理想实验材料。目前，毛果杨组织培养体系仍不成熟，以毛果杨的叶片为外植体诱导不定芽十分困难，而利用愈伤组织诱导不定芽又历时较长。本研究在毛果杨组培苗培养基中添加不同浓度的组蛋白去乙酰化酶抑制剂 TSA，TSA 浓度为 5μmol/L 时能够诱导根再生出不定芽。本研究简化了组织培养体系，缩短不定芽诱导周期，为再生困难的木本植物的组织培养提供了新方法。

5.4.2.1　毛果杨组培苗的培养

毛果杨幼苗的茎段（含腋芽）在 WPM 培养基上培养 3 周后，腋芽萌发长出幼苗，高度为 2～3cm。将幼苗用刀片切下放在 WPM 培养基上进行生根培养（图 5-35），培养 1 周后不定根开始再生出来；继续培养 1 周后，再生根长度达到 1cm 左右。

5.4.2.2　TSA 处理诱导不定芽的再生

当毛果杨组培苗生根 1cm 左右时，向组培苗培养瓶中加入含有 0μmol/L、1μmol/L 和 5μmol/L TSA 的水溶液，继续培养。培养 30 天后，浓度为 0μmol/L 和

1μmol/L 的 TSA 不能诱导根产生不定芽，而浓度为 5μmol/L 的 TSA 能够诱导毛果杨的根再生出不定芽（图 5-36），不定芽的再生率达 37.50%（表 5-10）。

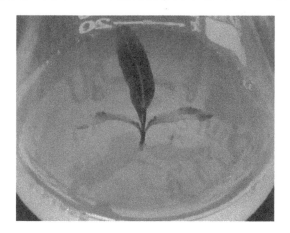

图 5-35　毛果杨再生植株的培养

0μmol/L　　　　　　1μmol/L　　　　　　5μmol/L

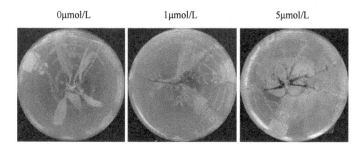

图 5-36　毛果杨组培苗根部不定芽的再生

表 5-10　不同浓度 TSA 对根不定芽再生的影响

不定芽再生情况	TSA 浓度/（μmol/L）		
	0	1	5
不定芽个数/根数	0/28	0/32	18/48
不定芽再生率/%	0	0	37.50

5.4.2.3　讨论与结论

1. 讨论

毛果杨是一种再生很困难的杨树。目前，以毛果杨组培幼苗的叶片和茎段作为外植体，通过调节培养基成分、激素种类和浓度，以及培养条件均很难诱导不定芽；而采用温室成熟植株（4～6 个月龄）的茎段能够诱导出愈伤组织，再通过愈伤组织诱导出不定芽，但这种方法周期长（3～6 个月），涉及复杂的组织培养体系。因此，亟需一种新的方法来提高毛果杨不定芽的再生率和缩短得到再生植株的时间。目前，木本植物组织培养体系的研究主要集中在培养基种类、盐浓度、生长调节物质、碳水化合物、光照和温度等方面，而表观遗传调控对木本植物再生和发育的影响很少有报道。

本研究以毛果杨组培苗的根为材料，通过 TSA 处理诱导毛果杨的根直接分化出不定芽，省略了愈伤组织诱导培养过程，简化了组织培养体系，缩短了不定芽诱导周期。本研究中，一般经 30 天左右即可完成不定芽的诱导，且再生率较高，是快速获得毛果杨再生植株的一种有效方法。

2. 结论

在毛果杨组培苗培养基中添加 5μmol/L TSA 能够促进毛果杨的根直接分化出不定芽。本研究通过表观遗传调控的方法诱导不定芽的再生，解决了毛果杨组织培养过程中不定芽再生周期长和再生率低的难题。

5.4.2.4 材料和方法

1. 毛果杨组培苗的培养

取毛果杨含腋芽的茎段在 WPM 培养基上培养 3 周，至腋芽萌发、长出幼苗。将幼苗用刀片切下放在 WPM 培养基上进行生根培养。WPM 基本培养基含有 2% 的蔗糖、浓度为 0.1mg/L 的 IBA 和 0.6%的琼脂，pH=5.8。

2. TSA 处理毛果杨组培苗

当幼苗在生根培养基中生长 2 周时，向幼苗培养基中分别加入含有 0μmol/L、1μmol/L 和 5μmol/L TSA 的水溶液，在温度为 20～25℃、光照时间为 16h/天的条件下继续培养，至不定芽从根部诱导再生出来。

参 考 文 献

李涛, 苏慧慧, 李植良, 等. 2015. 番茄 HDACs 家族基因在胁迫条件下的表达分析. 热带作物学报, 36(11): 1994-2001

Alinsug M V, Yu C W, Wu K. 2009. Phylogenetic analysis, subcellular localization, and expression patterns of RPD3/HDA1 family histone deacetylases in plants. BMC Plant Biology, 9: 37

Aquea F, Timmermann T, Arce-Johnson P. 2010. Analysis of histone acetyltransferase and deacetylase families of *Vitis vinifera*. Plant Physiol Bioch, 48: 194-199

Audic S, Claverie J M. 1997. The significance of digital gene expression profiles. Genome Res, 7: 986-995

Baima S, Possenti M, Matteucci A, et al. 2001. The *Arabidopsis* ATHB-8 HD-zip protein acts as a differentiation-promoting transcription factor of the vascular meristems. Plant Physiology, 126: 643-655

Bao H, Li E, Mansfield S D, et al. 2013. The developing xylem transcriptome and genome-wide analysis of alternative splicing in *Populus trichocarpa* (black cottonwood) populations. BMC

Genomics, 14: 359

Berlyn G P, Miksche J P. 1976. Botanical microtechnique and cytochemistry. Iowa State Univ Pr, 2001(4): 553-554

Brosch G, Georgieva E I, Lopez-Rodas G, et al. 1992. Specificity of *Zea mays* histone deacetylase is regulated by phosphorylation. J Biol Chem, 267: 20561-20564

Buer C S, Djordjevic M A. 2009. Architectural phenotypes in the transparent testa mutants of *Arabidopsis thaliana*. Journal of Experimental Botany, 60: 751-763

Chen L T, Luo M, Wang Y Y, et al. 2010. Involvement of *Arabidopsis* histone deacetylase HDA6 in ABA and salt stress response. J Exp Bot, 61: 3345-3353

Chen L T, Wu K. 2010. Role of histone deacetylases HDA6 and HDA19 in ABA and abiotic stress response. Plant Signaling & Behavior, 5: 1318-1320

Chung P J, Kim Y S, Jeong J S, et al. 2009. The histone deacetylase OsHDAC1 epigenetically regulates the OsNAC6 gene that controls seedling root growth in rice. The Plant Journal: for Cell and Molecular Biology, 59: 764-776

de Smet I, Lau S, Voss U, et al. 2010. Bimodular auxin response controls organogenesis in *Arabidopsis*. Proceedings of the National Academy of Sciences of the United States of America, 107: 2705-2710

de Smet I, Vassileva V, de Rybel B, et al. 2008. Receptor-like kinase ACR4 restricts formative cell divisions in the *Arabidopsis* root. Science, 322: 594-597

Demetriou K, Kapazoglou A, Tondelli A, et al. 2009. Epigenetic chromatin modifiers in barley: I. Cloning, mapping and expression analysis of the plant specific HD2 family of histone deacetylases from barley, during seed development and after hormonal treatment. Physiologia Plantarum, 136: 358-368

Di Cristina M, Sessa G, Dolan L, et al. 1996. The *Arabidopsis* Athb-10 (GLABRA2) is an HD-Zip protein required for regulation of root hair development. The Plant Journal: for Cell and Molecular Biology, 10: 393-402

Fu W, Wu K, Duan J. 2007. Sequence and expression analysis of histone deacetylases in rice. Biochemical and Biophysical Research Communications, 356: 843-850

Fukaki H, Taniguchi N, Tasaka M. 2006. PICKLE is required for SOLITARY-ROOT/IAA14-mediated repression of ARF7 and ARF19 activity during *Arabidopsis* lateral root initiation. The Plant Journal: for Cell and Molecular Biology, 48: 380-389

Galway M E, Masucci J D, Lloyd A M, et al. 1994. The TTG gene is required to specify epidermal cell fate and cell patterning in the *Arabidopsis* root. Dev Biol, 166: 740-754

Gou J, Strauss S H, Tsai C J, et al. 2010. Gibberellins regulate lateral root formation in *Populus* through interactions with auxin and other hormones. The Plant Cell, 22: 623-639

He F, Mu L, Yan G L, et al. 2010. Biosynthesis of anthocyanins and their regulation in colored grapes. Molecules, 15: 9057-9091

Helariutta Y, Fukaki H, Wysocka-Diller J, et al. 2000. The SHORT-ROOT gene controls radial patterning of the *Arabidopsis* root through radial signaling. Cell, 101: 555-567

Hobbie L, Estelle M. 1995. The axr4 auxin-resistant mutants of *Arabidopsis thaliana* define a gene important for root gravitropism and lateral root initiation. The Plant Journal: for Cell and Molecular Biology, 7: 211-220

Hoen P A C, Ariyurek Y, Thygesen H H, et al. 2008. Deep sequencing-based expression analysis shows major advances in robustness, resolution and inter-lab portability over five microarray platforms. Nucleic Acids Research, 36: e141

Hollender C, Liu Z. 2008. Histone deacetylase genes in *Arabidopsis* development. Journal of Integrative Plant Biology, 50: 875-885

Hu Y, Qin F, Huang L, et al. 2009. Rice histone deacetylase genes display specific expression patterns and developmental functions. Biochem Biophys Res Commun, 388: 266-271

Hu Y, Zhang L, Zhao L, et al. 2011. Trichostatin A selectively suppresses the cold-induced transcription of the *ZmDREB1* gene in maize. PLoS ONE, 6: e22132

Inada S, Shimmen T. 2000. Regulation of elongation growth by gibberellin in root segments of *Lemna minor*. Plant Cell Physiol, 41: 932-939

Jang I C, Pahk Y M, Song S I, et al. 2003. Structure and expression of the rice class-I type histone deacetylase genes OsHDAC1-3: OsHDAC1 overexpression in transgenic plants leads to increased growth rate and altered architecture. The Plant Journal: for Cell and Molecular Biology, 33: 531-541

Kanehisa M, Araki M, Goto S, et al. 2008. KEGG for linking genomes to life and the environment. Nucleic Acids Research, 36: D480-484

Kolle D, Brosch G, Lechner T, et al. 1999. Different types of maize histone deacetylases are distinguished by a highly complex substrate and site specificity. Biochemistry, 38: 6769-6773

Livak K J, Schmittgen T D. 2001. Analysis of relative gene expression data using real-time quantitative PCR and the 2(-Delta Delta C(T)) method. Methods, 25: 402-408

Luo M, Wang Y Y, Liu X C, et al. 2012. HD2C interacts with HDA6 and is involved in ABA and salt stress response in *Arabidopsis*. J Exp Bot, 63: 3297-3306

Ma X, Lv S, Zhang C, et al. 2013. Histone deacetylases and their functions in plants. Plant Cell Rep, 32: 465-478

Manzano C, Ramirez-Parra E, Casimiro I, et al. 2012. Auxin and epigenetic regulation of SKP2B, an F-box that represses lateral root formation. Plant Physiology, 160: 749-762

Marchant A, Bhalerao R, Casimiro I, et al. 2002. AUX1 promotes lateral root formation by facilitating indole-3-acetic acid distribution between sink and source tissues in the *Arabidopsis* seedling. The Plant Cell, 14: 589-597

Masucci J D, Rerie W G, Foreman D R, et al. 1996. The homeobox gene GLABRA2 is required for position-dependent cell differentiation in the root epidermis of *Arabidopsis thaliana*. Development, 122: 1253-1260

Men L, Yan S, Liu G. 2013. *De novo* characterization of *Larix gmelinii* (Rupr.) Rupr. transcriptome and analysis of its gene expression induced by jasmonates. BMC Genomics, 14: 548

Morrissy A S, Morin R D, Delaney A, et al. 2009. Next-generation tag sequencing for cancer gene expression profiling. Genome Res, 19: 1825-1835

Murphy J P, McAleer J P, Uglialoro A, et al. 2000. Histone deacetylase inhibitors and cell proliferation in pea root meristems. Phytochemistry, 55: 11-18

Nguyen H N, Kim J H, Jeong C Y, et al. 2013. Inhibition of histone deacetylation alters *Arabidopsis* root growth in response to auxin via PIN1 degradation. Plant Cell Reports, 32: 1625-1636

Obara K, Miyashita N, Xu C, et al. 2005. Structural role of countertransport revealed in Ca(2+) pump crystal structure in the absence of Ca(2+). Proceedings of the National Academy of Sciences of the United States of America, 102: 14489-14496

Okushima Y, Fukaki H, Onoda M, et al. 2007. ARF7 and ARF19 regulate lateral root formation via direct activation of LBD/ASL genes in *Arabidopsis*. The Plant Cell, 19: 118-130

Okushima Y, Overvoorde P J, Arima K, et al. 2005. Functional genomic analysis of the AUXIN RESPONSE FACTOR gene family members in *Arabidopsis thaliana*: unique and overlapping functions of ARF7 and ARF19. The Plant Cell, 17: 444-463

Petricka J J, Winter C M, Benfey P N. 2012. Control of *Arabidopsis* root development. Annu Rev Plant Biol, 63: 563-590

Reid J B, Ross J J. 1993. A mutant-based approach, using pisum sativum, to understanding plant growth. International Journal of Plant Science, 154(1): 22-34

Rossi V, Locatelli S, Lanzanova C, et al. 2003. A maize histone deacetylase and retinoblastoma-related protein physically interact and cooperate in repressing gene transcription. Plant Molecular Biology, 51: 401-413

Rossi V, Locatelli S, Varotto S, et al. 2007. Maize histone deacetylase hda101 is involved in plant development, gene transcription, and sequence-specific modulation of histone modification of genes and repeats. Plant Cell, 19: 1145-1162

Sendra R, Rodrigo I, Salvador M L, et al. 1988. Characterization of pea histone deacetylases. Plant Mol Biol, 11: 857-866

Shuai P, Liang D, Tang S, et al. 2014. Genome-wide identification and functional prediction of novel and drought-responsive lincRNAs in *Populus trichocarpa*. Journal of Experimental Botany, 65: 4975-4983

Shuai P, Liang D, Zhang Z, et al. 2013. Identification of drought-responsive and novel *Populus trichocarpa* microRNAs by high-throughput sequencing and their targets using degradome analysis. BMC Genomics, 14: 233

Taylor G. 2002. *Populus*: arabidopsis for forestry. Do we need a model tree? Annals of Botany, 90: 681-689

To T K, Nakaminami K, Kim J M, et al. 2011. *Arabidopsis* HDA6 is required for freezing tolerance. Biochem Biophys Res Commun, 406: 414-419

Tschaplinski T J, Tuskan G A, Sewell M M, et al. 2006. Phenotypic variation and quantitative trait locus identification for osmotic potential in an interspecific hybrid inbred F2 poplar pedigree grown in contrasting environments. Tree Physiology, 26: 595-604

Tuskan G A, Difazio S, Jansson S, et al. 2006. The genome of black cottonwood, *Populus trichocarpa* (Torr. & Gray). Science, 313: 1596-1604

Ubeda-Tomas S, Swarup R, Coates J, et al. 2008. Root growth in *Arabidopsis* requires gibberellin/DELLA signalling in the endodermis. Nature Cell Biology, 10: 625-628

Wang R, Sun L, Bao L, et al. 2013. Bulk segregant RNA-seq reveals expression and positional candidate genes and allele-specific expression for disease resistance against enteric septicemia of catfish. BMC Genomics, 14: 929

Wilmoth J C, Wang S, Tiwari S B, et al. 2005. NPH4/ARF7 and ARF19 promote leaf expansion and auxin-induced lateral root formation. The Plant Journal: for Cell and Molecular Biology, 43: 118-130

Wilson M, Goh T, Voss U, et al. 2013. SnapShot: root development. Cell, 155: 1190-1190.e1

Xu C R, Liu C, Wang Y L, et al. 2005. Histone acetylation affects expression of cellular patterning genes in the *Arabidopsis* root epidermis. Proceedings of the National Academy of Sciences of the United States of America, 102: 14469-14474

Yamaguchi S, Smith M W, Brown R G, et al. 1998. Phytochrome regulation and differential expression of gibberellin 3beta-hydroxylase genes in germinating *Arabidopsis* seeds. The Plant Cell, 10: 2115-2126

Yang X, Tuskan G A, Cheng M Z. 2006. Divergence of the *Dof* gene families in poplar, *Arabidopsis*, and rice suggests multiple modes of gene evolution after duplication. Plant Physiology, 142: 820-830

Yaxley J R, Ross J J, Sherriff L J, et al. 2001. Gibberellin biosynthesis mutations and root development in pea. Plant Physiology, 125: 627-633

Yer E N, Baloglu M C, Ziplar U T, et al. 2015. Drought-responsive *Hsp70* gene analysis in *Populus* at genome-wide level. Plant Molecular Biology Reporter, 34(2): 483-500

Yuan L Y, Liu X C, Luo M, et al. 2013. Involvement of histone modifications in plant abiotic stress responses. J Integr Plant Biol, 55: 892-901

Zazimalova E, Murphy A S, Yang H, et al. 2010. Auxin transporters—why so many? Cold Spring Harbor Perspectives in Biology, 2: a001552

Zhang J, Li J, Liu B, et al. 2013. Genome-wide analysis of the *Populus Hsp90* gene family reveals differential expression patterns, localization, and heat stress responses. BMC Genomics, 14: 532

Zhang J, Liu B, Li J, et al. 2015. *Hsf* and *Hsp* gene families in *Populus*: genome-wide identification, organization and correlated expression during development and in stress responses. BMC Genomics, 16: 181

Zhou C, Zhang L, Duan J, et al. 2005. HISTONE DEACETYLASE19 is involved in jasmonic acid and ethylene signaling of pathogen response in *Arabidopsis*. The Plant Cell, 17: 1196-1204

Zhu J, Jeong J C, Zhu Y, et al. 2008. Involvement of *Arabidopsis* HOS15 in histone deacetylation and cold tolerance. Proc Natl Acad Sci USA, 105: 4945-4950

Zhu Z, An F, Feng Y, et al. 2011. Derepression of ethylene-stabilized transcription factors (EIN3/EIL1) mediates jasmonate and ethylene signaling synergy in *Arabidopsis*. Proceedings of the National Academy of Sciences of the United States of America, 108: 12539-12544

编 后 记

《博士后文库》（以下简称《文库》）是汇集自然科学领域博士后研究人员优秀学术成果的系列丛书。《文库》致力于打造专属于博士后学术创新的旗舰品牌，营造博士后百花齐放的学术氛围，提升博士后优秀成果的学术和社会影响力。

《文库》出版资助工作开展以来，得到了全国博士后管委会办公室、中国博士后科学基金会、中国科学院、科学出版社等有关单位领导的大力支持，众多热心博士后事业的专家学者给予积极的建议，工作人员做了大量艰苦细致的工作。在此，我们一并表示感谢！

《博士后文库》编委会